AI 可解释性
(Python 语言版)

[意] 列奥尼达·詹法纳(Leonida Gianfagna)　　著
安东尼奥·迪·塞科(Antonio Di Cecco)

郭 涛　　　　　　　　　　　　　　译

清华大学出版社
北京

北京市版权局著作权合同登记号　图字：01-2021-6298

First published in English under the title
Explainable AI with Python
by Leonida Gianfagna, Antonio Di Cecco
Copyright © Leonida Gianfagna and Antonio Di Cecco, 2021
This edition has been translated and published under licence from Springer Nature
Switzerland AG. Part of Springer Nature.

本书中文简体字翻译版由德国施普林格公司授权清华大学出版社在中华人民共和国境内(不包括中国香港、澳门特别行政区和中国台湾地区)独家出版发行。未经出版者预先书面许可，不得以任何方式复制或传播本书的任何部分。

图书在版编目(CIP)数据

AI可解释性：Python语言版 / (意)列奥尼达·詹法纳，(意) 安东尼奥·迪·塞科著；郭涛译. —北京：清华大学出版社，2022.5（2025.1重印）
书名原文：Explainable AI with Python
ISBN 978-7-302-60569-0

Ⅰ. ①A… Ⅱ. ①列… ②安… ③郭… Ⅲ. ①人工智能 Ⅳ. ①TP18

中国版本图书馆 CIP 数据核字(2022)第 064374 号

责任编辑：王　军
装帧设计：孔祥峰
责任校对：成凤进
责任印制：宋　林

出版发行：清华大学出版社
　　　　　网　　址：https://www.tup.com.cn，https://www.wqxuetang.com
　　　　　地　　址：北京清华大学学研大厦 A 座　　　　邮　　编：100084
　　　　　社 总 机：010-83470000　　　　　　　　　　邮　　购：010-62786544
　　　　　投稿与读者服务：010-62776969，c-service@tup.tsinghua.edu.cn
　　　　　质 量 反 馈：010-62772015，zhiliang@tup.tsinghua.edu.cn
印 装 者：小森印刷霸州有限公司
经　　销：全国新华书店
开　　本：148mm×210mm　　　印　　张：7.5　　　字　　数：223 千字
版　　次：2022 年 8 月第 1 版　　　印　　次：2025 年 1 月第 4 次印刷
定　　价：59.80 元

产品编号：094304-01

译　者　序

目前，AI 可解释性(Explainable AI, XAI)能力较弱是人工智能研究者始终存在的担忧，也是高风险决策领域遭受诟病的主要原因。人工智能现在最大的缺陷是不具备充足的理论基础，基本上还处于实验阶段，进一步的发展受限于缺乏理论指导。尤其近几年发展起来的深度学习，很多学者认为其是一个"黑盒"模型，可解释性较弱。近几年，经过学者探索研究，XAI 取得了初步成果，但仍处于初级阶段。因此，AI 可解释性主要从两个方面作为切入口。一方面是从认知生物学和认知心理学两个层次探讨人工智能解释以及数学理论和方法。另一方面从以数据驱动和知识驱动导向结合，深度学习与推理模型(例如知识图谱)结合的手段与人类的知识结合起来，试图解释人工智能的本质，弥合可解释性的缺陷。

本书的出版恰逢其时，通过构建 XAI 的方法论体系，形成一组工具和方法，从而解释 ML 模型产生的复杂结果，帮助人们理解 ML 模型。本书从不可知论、依赖模型方法或内在可解释性构建了人工智能模型方法论，从全局可解释性和局部可解释性两个方面来回答 AI "是什么" "为什么"以及 "如何做" 等方面的问题。本书适合人工智能从业者、计算机科学家、统计科学家以及所有对机器学习模型可解释性感兴趣的读者阅读。

本书翻译过程中得到了很多人的帮助。吉林大学外国语学院研究生吴禹林，吉林财经大学外国语学院研究生张煜琪，西南交通大学外国语学院刘枣和刘梦楠参与了本书的翻译和审校，感谢他们在这个过程中给予我的帮助。最后，感谢清华大学出版社的编辑，他们进行了大量的编辑与校对工作，保证了本书的质量，使得本书符合出版要求。在此深表谢意。

　　由于本书涉及的知识的广度和深度较大，且译者翻译水平有限，翻译过程中难免有不足之处，请读者不吝指正。

郭　涛

译者简介

　　郭涛，主要从事模式识别与人工智能、智能机器人、软件工程、地理人工智能(GeoAI)和时空大数据挖掘与分析等前沿交叉技术的研究。翻译出版了《复杂性思考：复杂性科学与计算模型（第2 版）》《神经网络设计与实现》和《概率图模型及计算机视觉应用》等畅销书。

目　　录

第1章
前　　景

> "众所周知，调试一个程序比编写一个新程序要难得多。那么，如果你有足够的聪明才智写出一个新程序的话，你将如何调试它？"
>
> ——Brian Kernighan

本章内容
- 在机器学习背景下，什么是 AI 可解释性
- 为什么我们需要 AI 可解释性
- AI 可解释性主要工作原理

本文认为，艾伦·图灵在 1950 年发表的开创性论文 *Can machines think*？标志着人工智能(Artificial Intelligence , AI)的诞生，在文中，他提出了问题："机器会思考吗？"。此后，美国心理学家 Searle 设计的著名心理学实验"中文房间"，进一步推动了 AI 理论的发展。

实验要表达的观点很明确：假设有一个基于"黑盒"的 AI 系统，能够接收并回答中文问题，同时假设这一系统通过了图灵测试，这意味着系统与会讲中文的真人并无差别。那么可以说"这个 AI 系统能讲中文"吗？进一步地说，我们是否希望这一"黑盒"系统能够阐明中文语法来证明其能力？

尽管 AI 可解释性目前还未成为一门特定学科，但其基本理念实际上在 AI 诞生之初就已形成。要使人们相信这一系统真正会讲中文，其关键

在于降低系统的"不透明性",即提高"可解释性",这是除提供正确答案以外,对技术的进一步要求。

回到 21 世纪,2016 年 3 月,谷歌开发的围棋软件 AlphaGo 以历史性的成绩击败了韩国的围棋冠军李世石,而中国围棋冠军樊麾对于其中著名的第 37 手棋的评论值得一提。樊麾直言:"这一手棋已经超越了人类思维方式,我从来没有见过有人会下这一手棋。"(Metz 2016)。国际公认,围棋是一项"计算复杂"的比赛,其复杂程度高于国际象棋,而在 AlphaGo 打败李世石,取得比赛胜利前,公众普遍认为机器并不能下好围棋。但出于研究目的,以及为研究 AI 可解释性做准备,我们要注意樊麾所说的话。这位围棋冠军观看了整场比赛,依然无法理解机器下出的第 37 手棋。他可以看出这一手棋非常精妙,却无法解释精妙在何处。现在,我们拥有了一个能够击败围棋冠军的 AI 系统 AlphaGo,这个系统表现优异,但无人能解释其优异之处,而这正是广义机器学习(Machine Learning,ML)和人工智能中的"AI 可解释性"发挥关键作用之处。

在正式介绍第 1 章内容之前,本书将给出一些不那么著名但非常实用的示例,以帮助理解文中所述的 ML 模型。目前这些模型大多具有"不透明性",即"可解释性"较低。本书侧重于研究实践中不同 ML 模型的应用,以及如何提高 ML 模型的可解释性,即通过结果回答 AI 可解释性"是什么""为什么"和"如何做"等问题。

1.1　AI 可解释性示例

AI 可解释性(Explainable AI,也称 XAI)不仅仅是一个术语,因此要给这个词下一个通用的定义并非易事。基本上,XAI 是一组方法和工具,可用于解释 ML 模型产生的结果,帮助人们理解 ML 模型。

接下来我们通过一些示例进入正式内容,下面列举了三个简单示例,展示了 AI 可解释性不同但基本的方面,为后文研究奠定基础:

- 第一个示例关于学习阶段。

- 第二个示例关于知识发现。
- 第三个示例介绍了 ML 模型抵御外部攻击的可靠性和鲁棒性论证。

1.1.1　学习阶段

相对于传统方法，现代深度学习(Deep Learning，DL)技术的一个精妙之处在于拥有计算机视觉。可以通过训练卷积神经网络(Convolutional Neural Network，CNN)，对不同的标记图片进行分类。CNN 是 DL 的代表算法之一，其应用非常广泛：可以训练这一模型来区分不同种类的肺炎 RX 图片，或将手语翻译为语音。但得到的结果真的可靠吗？

有研究人员进行了著名的分类狼狗图片模拟任务(见图 1.1)。

图 1.1　ML 模型对狼和狗的分类(Singh 2017)

经过训练，其算法以极高的精确度对图片进行了分类：在对 100 多张图片的分类中仅有一张图片分类错误！但当我们使用 AI 可解释性的方法询问模型"凭借什么预判为狼？"时，我们得到的答案十分出人意料："因为图片中有雪！"(Ribeiro et al. 2016)，如图 1.2 所示。

(a)　　　　　　　　　　　　　(b)

图 1.2　分类错误(a)将哈士奇分类为狼；(b)可解释性(Ribeiro et al. 2016)

因此，我们应赋予模型向人类解释其工作原理的能力。当模型出现错误时，ML 和 DL 方面的专家可以立即观察到出错方式并改进模型。在这种情况下，可以采用遮挡技术(覆盖部分图像)增加相同图片的变化形式来训练网络，以获得简单的解决方案。

1.1.2　知识发现

第二个示例涉及自然语言处理(Natural Language Processing，NLP)模型，例如词嵌入方法，它可以学习某类词的语义表示。将词作为向量嵌入线性空间中，使逻辑语句变得像两个向量相加一样简单。

例如，将"男人之于国王就像女人之于女王"变成一个公式：

$$男人-国王=女人-女王$$

分类效果的确很好！但是在同一个数据集上，我们发现这一模型存在一些刻板印象，例如模型会认为男性就是程序员，女性就是家庭主妇。这就是我们所说的"无用输入无用输出"，即数据存在偏差，而模型学习了这种偏差。好的模型必须是公平的，这也是 AI 可解释性所追求的目标之一。

1.1.3　可靠性和鲁棒性

图 1.3 展示了一把吉他、一只企鹅和两个奇怪图形(模型将它们分别标记为吉他和企鹅)，图片下还显示了一些数值。图 1.3 是训练现有 DNN 识别吉他和企鹅所得的实验结果。

现有的深度神经网络

吉他	吉他	企鹅	企鹅
98.90%	99.99%	99.99%	99.99%

图 1.3　通过 ML 对吉他、企鹅和奇怪图形进行分类(Nguyen et al. 2015)

每张图片下方的数字表示 ML 系统识别结果的置信水平(例如，ML 系统以 98.90%的置信水平确定第一张图片是吉他)。但如你所见，第二张图片也被识别为吉他，且置信水平高达 99.99%，而第四张图片被识别为企鹅，且置信水平同样高达 99.99%。这中间发生了什么呢？

实际上，这是一个愚弄深度神经网络(Deep Neural Network，DNN)的实验：通常，模型仅通过一些特定元素判别吉他和企鹅，工程师在第二张和第四张图片中只保留了这些特定元素，同时更改了其他所有元素，使得模型仍然将它们"识别"为吉他和企鹅，但人类并不会通过这些元素识别吉他和企鹅。换句话说，这些元素无法解释 DNN 识别图像的原理和方式(Nguyen et al. 2015)。

1.1.4　三个示例的启示

正如上文所说，我们将对以上三个示例进行批判性思考，来了解这三个示例如何通过不同视角看待 AI 可解释性涉及的不同方面。

- 关于狼狗图片分类的示例 1：作为一个良好的 ML 模型评估器，其准确性仍然不够。若不对此进行解释，我们将无法查明使系统错将雪与狼对应起来的原因。
- 关于 NLP 的示例 2：需要进行偏差关联检查，使知识发现这一过程更加公平可靠。正如下文将述，知识发现是 XAI 的主要应用之一。
- 关于企鹅的示例 3：这种情况更加棘手，工程师将进行逆向工程来破解 ML 模型。我们需要牢记这一点，以便了解 AI 可解释性与 ML 模型抵御恶意攻击的鲁棒性之间的关系。

这些实验对日常生活的影响并不大，但易于将 DNN 推广到肿瘤图像模式识别和财政决策等实际案例中。

在这些关键案例中，我们不能仅依赖于 ML 模型得出的结果，还需要考虑 DNN 给出的任何决策或建议背后的基本原理，以检查其评判标准是否可靠，以及我们是否可以信任系统。

注意，我们要求每个 AI 可解释性模型都需要遵循"公平、负责、安全、透明"的原则，"公平"是指模型不带有任何偏差，"负责"是指对决策负责，"安全"是指确保模型免受恶意攻击，"透明"是指模型内部原理透明。在此原则上，重新审视这三个示例，第二个示例需要更具公平性，而最后一个示例则需要更多安全性。

作为 ML 的新兴领域，XAI 正致力于提高 ML 系统的透明性和可理解性，以建立用户的信任与信心。要了解 XAI 的工作原理，我们需要回溯一步，在 ML 系统中研究其可解释性。在此我们申明，"可理解性"(interpretability)和"可解释性"(explainability)可互换使用，基本表示同一意思，本章 1.4 节将深入探讨相关术语的含义。

1.2　ML 和 XAI

此处我们不再额外讨论 ML 在广义 AI 背景下的诞生，而是回顾一些概念，有助于 AI 可解释性在此领域恰当定位，并从技术角度理解人们对于可解释性的需求是如何逐步凸显的。

图 1.4 从视觉上展示了 ML 在人工智能背景中的恰当定位。

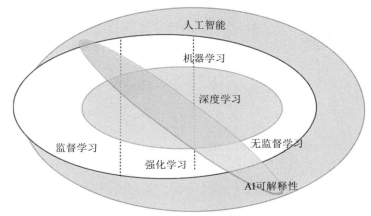

图 1.4　人工智能不同领域相互关系的维恩图

ML 定义众多，本书基于以下定义进行研究，这一定义简洁而高效地捕捉到了 ML 的核心：

ML 是一个不需要确定性编程就可以赋予计算机学习技能的研究领域 (A. Samuel 1959)

出于研究目的，我们需要着重关注"不需要确定性编程"这一表达。曾经，软件领域中的任何问题都需要通过算法来解决，算法的存在本身就保证了系统的完全可解释性和完全透明性。算法知识通过"是什么""为什么"和"如何做"这些问题直接提供了可解释性。算法是指在给定输入情况下，产生输出所需的过程或一组规则。算法对于人类理解来说是透明的，因为围绕问题的所有知识都被转化为产生输出所需的一系列步骤。

目前，算法时代正逐渐被数据时代取代(见图 1.5)。在学习阶段，ML 系统从数据中学习规则，然后根据给定输入产生预期输出。

但是使用者并不会直接得到可以遵循的算法步骤，因而可能无法解释特定输出。

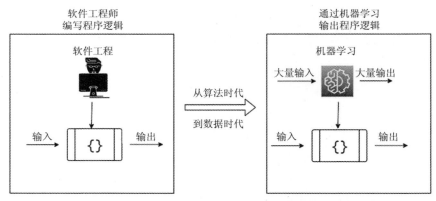

图 1.5　由算法驱动的标准软件工程转换为由数据驱动的软件工程

1.2.1　ML 分类法

难道所有 ML 系统的定义都不透明吗？其实不是。下面将对 ML 系统简略分类，然后对每一分类进行详细介绍。根据所需训练类型，ML 系统主要分为三类(见图 1.4)。

监督学习：系统根据一组数据学习一个函数，将输入映射到输出(即从 A 到 B)，这组数据包括训练系统所依据的解决方案(标签)。监督学习可应用的范围广泛，是目前最常用的 ML 模型。用户可以使用多种技术(如线性回归器、随机树、boosted 树和神经网络)建立从 A 到 B 的模型，实现垃圾邮件过滤、广告点击预测、股票预测、销售预测、语言翻译等应用。

无监督学习：训练数据没有被标记，系统学习自主寻找模式(例如，K 均值聚类算法、主成分分析技术(PCA)、TSNE、自动编码器)，但并不提供解决方案。ML 的这一部分更类似于通用人工智能(General Artificial Intelligence, GAI)技术，因为这个模型可以在没有任何人工干预的情况下自动标记数据。无监督学习的一个典型示例是推荐系统，如根据用户偏好推荐电影。

强化学习：与前两个类别不同，这一系统并不会训练现有数据。本系统用于解决使用智能体在与环境的交互过程中，通过学习策略实现回报最大化或实现特定目标(例如，深度学习网络和蒙特卡罗树搜索方法用于像

AlphaGo 这样的比赛)。我们可将强化学习模型视为监督学习和无监督学习模型的结合。强化学习模型能生成自身示例，因此它通过搜索示例集，以无监督学习方法学习如何生成示例，并以监督学习方法从中学习。

由图 1.4 可见，就学习类型而言，DL 是 ML 的子集，而不属于一个独立的类别。"深度学习"的"深"特指预想中的神经网络架构，这一架构由多个隐藏层组成，这导致人们难以解释神经网络产生结果的方式。目前，ML 系统中，DNN 产生的结果和性能最好。

根据上述对三种不同类型学习和 DL 系统的介绍，可以得知：没有任何独特映射或规则表示某一特定类别的算法比其他类别更需要可解释性。

AI 可解释性是跨越不同 AI 领域的新兴横向需求(如图 1.5 所示)。下文将讲述一个监督学习系统的示例。假设银行拒绝了我们的贷款申请，我们想要知道其中的原因，但系统并不能回答。

如图 1.6 所示，若对有贷款资格的人进行分类，会怎样？

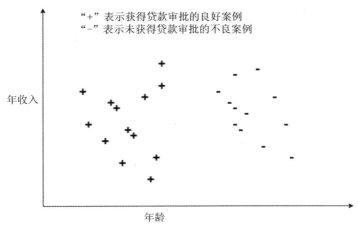

图 1.6　贷款审批情况(良好和不良案例)

图 1.6 中，轴表示模型相关特征，如贷款人的年龄和年收入。我们可以使用线性分类器对贷款申请进行审批。这一模型显示了贷款人获得贷款审批所需的特征及其范围(见图 1.7)。

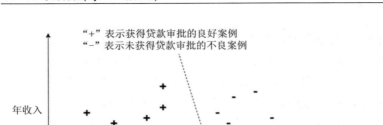

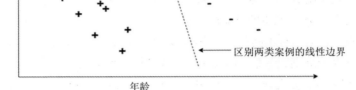

图 1.7　基于线性边界的贷款审批情况（良好和不良案例）

　　但在更复杂的模型中，必须权衡模型使用的利弊。在图 1.8 中，可以看到简单线性分类器(见图 1.7)和更复杂(同时也最常用)的非线性分类器的结果之间的显著差异。

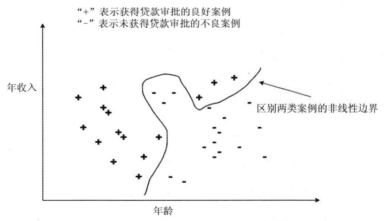

图 1.8　基于非线性边界的贷款审批情况

在最后一种情况中，要解释 ML 模型产生的贷款审批结果并不容易。

在线性模型中，可以清楚看出特定特征值增减情况对贷款审批结果的影响，而这在非线性模型中通常不可能实现。若使用线性边界区别两类案例，则可以向贷款人解释贷款审批结果取决于年收入和年龄(在这一特定情况下)。但如果使用非线性边界，则无法直接用上述两个特征解释贷款的审批情况。本书第 2 章将详细阐述非线性模型如何使 XAI 难以应用。就目前而言，要实现更好的性能必然需要使用更复杂的模型。正如前文所述，DNN 是 ML 领域中最强大的技术。下文我们将揭开两种普遍看法的神秘面纱。

1.2.2 常见误解

第一个常见的误解是："只有由许多复杂层构成的不透明 DL 系统(如 DNN)才需要可解释性。"这一表述并不完全正确，因为在非常基本的 ML 模型(如回归)中，也可能出现对可解释性的需求，而且并不只有 DL 系统架构需要可解释性。此时可能出现的问题是，如前所述，DNN 被视为 ML 中性能最强大的系统，这一事实与提高系统可解释性之间是否存在任何关系？

后文将详细解答这一问题，但目前仍很有必要大致了解领域中的标准答案(尽管目前未得到证实)。

第二个误解则是："ML 系统性能和可解释性之间存在不可避免的权衡取舍"。人们普遍认为，这两者无法兼得，即 ML 系统的性能越好，它就越不透明，越难以解释。图 1.9 对这一论述进行了可视化处理。

这两种误解代表了目前的定性趋势和人们对未来技术的期望。后文我们将继续对此进行讨论，但就目前而言，我们需要牢记的是，不应以牺牲系统性能来发展 XAI，而应该同时提高系统性能与可解释性。这意味着对于 DNN 这类性能强大但难以理解的系统，研发人员应在保持(甚至提高)性能的前提下，提高其可解释性。可解释性和性能之间的权衡在一条曲线上，发展的总体趋势在于推动曲线以实现整体的改进。

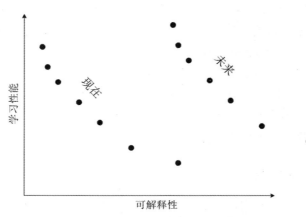

图 1.9 学习性能和可解释性之间的关系和定性趋势

通过本书，我们将更深入地了解到，这些常见看法具有一定的有效性，但不能被视为普遍真理。在接下来的两节中，本书还将详细讲解除上文介绍的示例外其他对 XAI 的需求，并将给出本书常用术语的定义，以赋予它们可靠和可操作的含义。或许你已经注意到了，本书交替使用了可解释性、可理解性和不透明性等术语，实际上，虽然它们表示同一概念中略微不同的方面，但均可互换使用。

1.3 对 AI 可解释性的需求

从目前 ML 系统中可解释的部分以及由此产生的可解释性的未来展望，我们能轻松理解人们需要 AI 可解释性的原因。通过上述示例，从某个方面而言，原因非常明显。但在提高模型透明性之前，仅以其高性能、高精确性完成任务也非常合理。

接下来将用更通用的术语理解对可解释性的需求。正如 Karim et al. (2018) 主张的那样，像分类准确率这样的单一指标或许无法完全描述现实世界中的问题，也无法给出答案。如果不添加"为什么"，即解释模型如何获得答案，那么仅获得"是什么"的答案毫无意义。在这种情况下，ML 进行的预测只能解决部分问题。

事实上，分类准确率并不适用于所有情况。一般来说，人类在制定适当指标方面的专业性是机器所不可替代的。

科幻小说中，通用人工智能的智能体总是能实现任务要求的最大精确度。电影《2001 太空漫游》中，太空船内的电脑哈尔最终做出了杀死船内所有人类的决定，因为哈尔认为"这项任务对我来说非常重要，我不允许你破坏它"。

通常，与 ML 模型的预测相结合，并能展现可解释性需求的三个主要应用(Du et al. 2019)如下所示。

模型验证：这项应用与 ML 模型的公平性、无偏差性和隐私性无关，同时也需要具有可解释性，以检查 ML 模型是否已在可能歧视特定人群的"有偏差"的数据集上进行了训练。若某人的贷款申请没有获得审批，则需要查看黑盒，以评估过程和判断并生成为决策可用的标准。同时，在特定领域 (法律、医疗等) 中，模型必须对敏感隐私信息进行保密。

模型调试：ML 模型应通过一定程度的调试确保系统的可靠性和鲁棒性，这意味着使用者可以在幕后查看产生输出的机器。输入的微小变化不应对输出造成巨大影响，以在一定程度上增强系统鲁棒性，并降低系统遭受旨在愚弄 ML 系统的恶意攻击的风险。模型调试应用中还需要透明性和可解释性，以便在出现不当行为和离奇预测时进行调试。

知识发现：由于 ML 模型不仅用于进行预测，还用于增加对特定过程、事件或系统的理解和知识，因此知识发现被视为最复杂的一项应用。在采用 ML 模型获得科学知识的极端情况下，若模型不提供解释和因果关系，而仅进行预测是远远不够的。后文还将进一步研究这种极端情况。用于预测肺炎患者的死亡概率的规则模型，是有助于理解可解释性和信任之间关系的反面示例。模型结果十分出人意料，患有哮喘可以降低肺炎致死的风险。但这实际上是因为哮喘患者接受了更强效的药物治疗，导致其总体结果优于其他肺炎患者。总之，对可解释性的需求与我们对 ML 模型的信任程度密切相关。

在无法保证可解释性的情况下，可以轻易猜出，与公平性、隐私性和信任相关的论述是如何代表那些可能会大幅限制 ML 系统的应用的基本因素的。由于欧洲的《通用数据保护条例》(GDPR)等法规明确将可解释性列为 AI 技术的必要条件，因此本章主要讨论以上技术的应用。第 8 章将详细讨论有关法律领域应用中对于可解释性的需求。

那么是否存在不需要可解释性的情况呢？通常来说，只有在预测模型不会产生任何重大影响的情况下，才能将 ML 模型仅用作黑盒而不必具备可解释性。例如消费者市场中，使用 ML 的推荐系统和私人助理大量普及，而受监管行业中 AI 技术的采用率仍很低，这正是上述情况的完美体现。

1.4　可解释性与可理解性：是否为表达相同事物的不同词语

"即使狮子能开口说话，我们也无法理解它的意思"，这种理解障碍并非由于两种不同语言间的差异，而是由于两个不同世界的差异，更准确地说是由于两种不同的"语言游戏"之间的差异。本节开头引用哲学家 L. Wittgenstein 的一句论述，由此设定本节的背景和展望，这比本书的其余部分更具哲学性。Wittgenstein 从事语言哲学领域方面的工作，研究在何等条件下能使所有表述都被别人理解。而要实现我们的目的，即建立 ML 模型的可解释性，需要在将可解释性投入实际技术运用之前，将我们所要表达的意思表述清楚，或者至少在可解释性和可理解性的含义方面达成一致。就像狮子这一示例一样，我们使用的语言与我们所生活的物质世界密切相关，语言产生于物质世界，同时也构建了这一世界。因此，我们在编撰解释不透明 ML 模型的特定语言时，需要特别注意，并且要确保在这一"语言游戏"中，我们所提供的解释性(这里指 explainability 和 interpretability)不会引起误解。

1.4.1　从物质世界到人类

图 1.10 清晰地阐明了一个概念：在通过 ML 从世界到人类的金字塔结构理解中，"可理解性方法"这一层在黑盒和人类之间，比物质世界高两层。金字塔结构由下到上数据抽象级别递增。我们使用葡萄和葡萄酒作为最底层物质世界的实际案例，并将在第 3 章详细研究这一实际案例场景的原理。

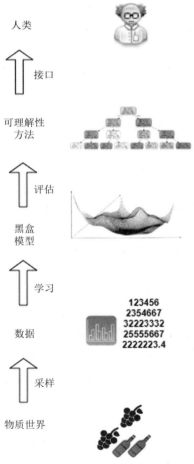

图 1.10　通过 ML 从物质世界到人类

可理解性方法应该弥合不透明 ML 模型得出的预测或决策与人类之间的差距，并通过可解释性和可理解性使人类信任模型得出的预测。

由于各案例来源于不同 ML 模型，同时目标是具有独立的物质世界、知识和经验的普通人，因此 ML 对可接受的解释的种类和级别的设置并不明显，而且可解释性并没有唯一或定量的定义。除此之外，可解释性和可理解性通常可以互换使用。

Velez 和 Kim(2017)发表相关论文后，我们将 ML 背景下的可理解性定义为"以人类可理解的方式向人类解释或陈述的能力"。这一定义十分模糊且操作性低，但对于我们分析可理解性和可解释性的不同含义来说则非常实用。在此我们必须再次声明，虽然这些论点可能看起来有些抽象，但在通过不同的技术进行实践之前，有必要弄清楚这些论点，为实践奠定基础。

1.4.2　相关性不是因果性

为正确看待这两个相似术语之间的模糊界定，我们需要从上述可解释的人工智能应用之一——知识发现着手研究。在数据时代，相关性和因果关系之间的清晰界限正逐渐消失，不需要深入研究数学细节就可以得出这两个术语之间的基本区别。相关性是一种统计工具，用于检查两个或多个项目之间的联系，以评估它们的耦合性(一起变化这一事实)。

但具备相关性并不意味着因果关系更强，也不代表一个变量导致另一个变量发生变化，或是一件事使另一件事发生(因果关系)。若你发现某一地区的甜甜圈销量与凶杀案数量之间存在相关性，那么这可能只是一个巧合，因为这两个事件之间没有任何潜在的因果关系。然而，当你拥有大量数据并且有可能从中学习以进行预测(即 ML 所做的事情)时，就需要依靠相关性来寻找模式。但并不是构建新知识，构建不仅仅需要巧合，还需要解释和因果关系。

ML 是否可以使用粗糙数据分析取代基于模型的传统科学方法，从而发现模型并生成预测，这个问题在 ML 领域引起广泛研究。就我们的研究目的而言，需要再次强调，使用 ML 进行预测基本上就是在做相关性研究，并需要理解和解释这些预测以生成知识(见图 1.11)。

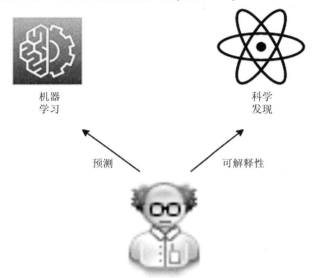

图 1.11　ML 的预测与可解释性

　　我们明确提出了"可理解"和"可解释"这两个不同的词语,因为这是两种不同行为。本书研究和讨论的大多数技术和工具都提供了对不透明 ML 模型的可理解性,但不足以提供可解释性。可理解性是可解释性的一个要素,但并没有囊括解释的所有方面。

　　用一个科学示例做类比,例如使用量子力学建立预测模型的原理与 ML 相同,不必完全理解仍性能良好。然后你得到的解释可能不止一种,而是多种(带有波函数坍缩的哥本哈根诠解、多世界诠释),模型通过连续循环中的预测测试这些解释以生成完整的理论 —— 一种通过形式主义和预测表达的理解组成的解释(见图 1.12)。

　　我们可以用一个更实际且有形的 ML 模型示例来重新表述这一论断。图 1.13 显示了如何生成不同的良好模型,以了解依据收入和利率变量向顾客发放贷款的相关风险。

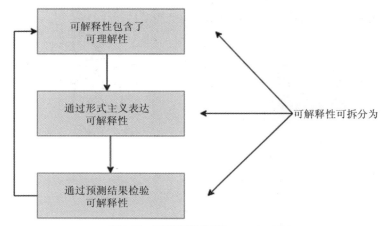

图 1.12   可解释性分解(Deutsch 1998)

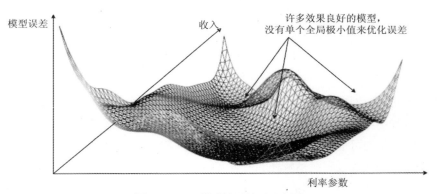

图 1.13   ML 模型的误差面示意图

如果我们将误差建模为山地景观,则不同的参数将会产生不同的模型,而我们通常更喜欢那些最小化误差(损失)函数的模型。因此,对于某些性能而言,误差函数示意图上的每个局部最小值都对模型做出一个良好选择,并且每个不同的模型都会产生一组不同的解释。但是我们无法得到一个包含总体现象的全局模型,即期望从科学理论中得出来的那种解释。

1.4.3　那么可理解性和可解释性的区别是什么

为了进一步可视化说明可理解性和可解释性之间的区别,以沸水为例:温度随着时间的推移稳步上升,到达沸点后,水将沸腾并稳定保持沸腾状态。如果仅依靠水达到沸点之前的数据,通过可理解性得出的预测将是温度持续升高,而依靠达到沸点后的数据得出的可理解性则是温度保持不变。

但如果你需要一个完整解释,一个关于水"状态改变"的完整理论,则需要超越单一状态下的良好理解和预测的深度模型。ML 模型可以很好地预测达到沸点后的线性趋势和平稳温度,但无法解释相变的物理原理(见图 1.14)。

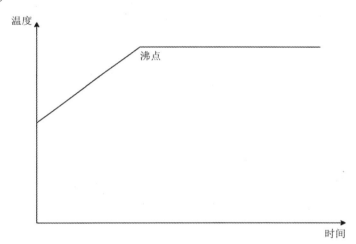

图 1.14　水相转变图中到达沸点前后的两种不同趋势

可理解性即了解 ML 系统如何在正常状态下随时间推移预测温度;而可解释性代表拥有将变化状态也考虑在内的 ML 模型,这是对上文提到与知识发现应用相关现象的全局理解。

总而言之,虽然可能会导致上述讨论被过度简化,但可以得到的核心要点是,我们将可理解性视为:理解 ML 模型机制,但不一定能解释原因的可能性。

为提供区分可理解性和可解释性的方法,我们用表 1.1 总结了上述内容，该表根据不同问题的答案来区分这两个术语。

表 1.1 通过以下问题的答案来分析可理解性和可解释性之间的差异

问　　题	可理解性	可解释性
哪些重要特征适用于进行预测和分类	✓	✓
输入出现微小变化是否会导致输出发生改变	✓	✓
模型是否依赖于大量的数据来选择重要特征	✓	✓
做出决策所依据的标准是什么	✓	✓
若向数据中不存在的特征输入不同值，输出将如何变化	✗	✓
若某些特征和数据没有出现，输出将如何变化	✗	✓

可解释性对我们来说更重要，能够回答关于在新数据情况下会发生什么的问题，如"如果我做 x，会影响 y 的概率吗"，还能解答与事实相反的情况，如当某些特征(或值)不存在时会发生什么变化。可解释性是一种理论，可处理全局理论中未被观察到的事实，而可理解性仅限于理解已经存在且显而易见的事物。

正如 Gilpin et al(2018)所述："我们认为，仅有可理解性是远远不够的。为了让人类信任黑盒方法，我们需要可解释性，即可以总结神经网络行为的原因，获得用户的信任，或解释做出决策的原因的模型。默认情况下，可解释模型是可理解的，但反之并不一定成立。"

请牢记这两个术语之间的区别，我们将使用不同的技术使 ML 模型更易于解释。需要明确的是，大多数情况下，我们介绍的方法和系统旨在提供可理解性，而不是可解释性，如我们在本节所讨论的，我们还将进一步阐释。

直到本书结束，基本上将不再赘述可理解性与可解释性之间的差别。后文我们将再次介绍有关知识发现的内容(第 6 章重点讨论如何在科学领域应用 ML 和 XAI)，并尝试为 AI 标准方法提出一个框架(第 8 章)，其中再次涉及了这两个术语之间的差异。

1.5　使 ML 系统具备可解释性

至此，AI 可解释性的总体概念已十分清晰。我们充分介绍 AI 可解释性是什么，以及广义 ML 背景下需要 AI 可解释性的原因。此外，我们试图更好地呈现和阐明该领域中使用的术语和流行语。本节旨在勾勒 AI 可解释性(XAI)系统和过程的全貌，以期为后文的研究工作提供方向。

1.5.1　XAI 工作流程

最好从典型的 ML 流程定位 XAI，这一流程由三个阶段组成(鉴于本书主要研究 AI 可解释性，对数据准备和优化不做详细介绍，如图 1.15 所示)：

(1) 训练数据

(2) ML 过程

(3) 生成预测、决策或推荐的学习函数

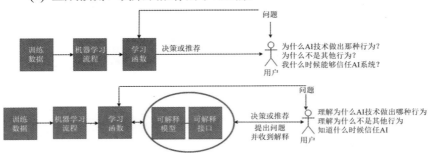

图 1.15　ML 流程，重点关注 XAI，即椭圆形中的两个方块

XAI 的主要目的在于使输出有意义，得出人类能够理解和解释，也就是使模型具备可解释性并提供对用户开放的解释接口。

图 1.15 中椭圆形内的两个方块——可解释模型和可解释接口——是本书研究的核心内容，图 1.16 将对其进一步展开描述。需要注意的是，如果这两个块内容不再处于同一系统中，而是被分解为方法和系统，这意味着我们并没有使 ML 系统具备可解释性，而只是改变了它的内部组件。但在大多数情况下，应保持 ML 系统不变，并通过适当的技术从外部理解它。

图 1.15 展示了 XAI 心智模型的流程。在给定 ML 模型的情况下，心智模型能提供适当的选项和技术，使 ML 模型具备可解释性。

图 1.15 内容清晰易懂，在此我们只强调一些重点。给定 ML 过程(现有的或从头开始构建的)，通过学习函数提供输出，而我们需要使这一模型具备可解释性。图 1.15 的"可解释模型"在图 1.16 中被分解为不同的技术和方法。在给定原始学习函数的情况下，这些技术和方法驱动着可解释的人机界面和人类可读的 XAI 指标。请注意，流程中有两个主要决策点：在第一个决策点中，人类可能会选择要采用的主要 XAI 方法，即不可知方法或依赖模型方法。从第 2 章开始，将深入讨论这些技术，而目前我们只需要了解以下要点。

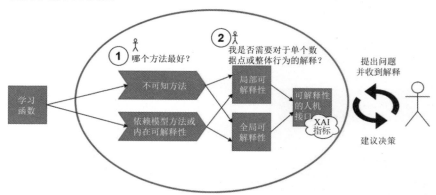

图 1.16　使 ML 模型具备可解释性的不同方法

- 不可知方法意味着 ML 模型及其 XAI 工作方式与黑盒一样，不需要假设已知任何内部知识来产生解释。

● 依赖模型方法或内在可解释性意味着凭借对 ML 模型内部的知识来得出可解释性。本书中我们还引用了"内在可解释性"模型作为子案例(这一案例将在第 3 章进行讨论)，其中模型参数直接提供解释。

第二个决策点是关于全局可解释性与局部可解释性的选择。这两种解释的选择取决于具体情况(将从第 2 章开始详细说明)，与获取完整 ML 模型行为的全局可解释性，或仅获取特定数据子集的全局解释性有关。

然后可以循环这一流程，直到产生令人满意的解释(XAI 指标)(见图 1.17)。

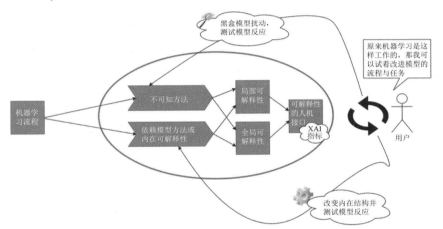

图 1.17　提高 ML 模型具备可解释性的不同方法，着重关注外界反馈以
进一步提高 XAI

图 1.17 显示了向系统提供反馈并改进解释的两种主要循环类型。

黑盒扰动为模型提供人工数据，甚至是异常数据，来测试模型反应。而在依赖模型方法的情况下，可能会改变模型内部结构，以此查看模型的反应，并提高模型产生解释的级别(局部数据或整体数据)。

改变内部结构并观察系统的反应更适合依赖模型方法，在这种方法中我们可以完全访问特定模型，使用内部参数来查看模型是如何工作并生成解释的(局部数据或整体数据)。

1.5.2　全局视觉

　　本书的重点不仅是在必要时提供处理 XAI 的技术并提供模型理解，而主要在于通过批判性思维补充实际示例，以了解采用技术背后的真正原因以及促使采用这一技术的需求，并避免错误期望。技术在迅速更新迭代，因此，在权衡技术的效果与可解释性时，相较于给出有关 XAI 的方法和工具的参考信息，我们更倾向于分享一种从实用性出发的心态和思维方式。每种具有 XAI 的技术都有其适用范围和局限性，我们需要根据目标仔细选择或定制各项具有 XAI 的技术(整体的或局部的，不可知方法或依赖模型方法，如图 1.17 所示)。在整本书中，我们将通过心智模型持续关注 XAI 领域的全局，快速定位特定技术，并在文中适当处深入研究相应的技术。因此，图 1.18(相同流程但没有注释以保持图片的简洁)将多次出现，以随时查看我们在 XAI 研究之旅中的位置。

　　虽然图 1.18 也展现了使 ML 模型具备可解释性的高级内部结构，但扩展这个 ML 流程图，用箭头将这个流程图中的各部分与本书中讲解这些内容的各章对应起来，可能会有帮助(见图 1.19)。

　　正如上文所述，不同的技术可能需要不同级别的解释，而对不同级别解释的批判性思考将为读者提供一种方法，即可以标准化地验证 XAI 系统，如图 1.19 底部所示。

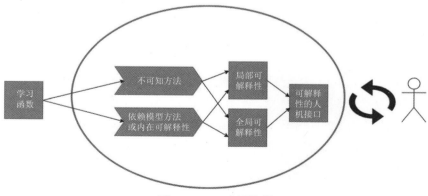

图 1.18　XAI 主要流程

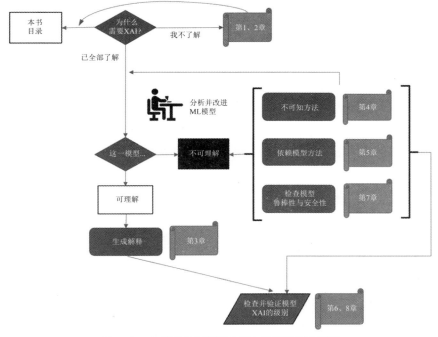

图 1.19　本书所有主要概念和主题的可视化导图

再次查看 ML 流程，在通过实践代码将 XAI 方法应用于实际场景之前，本书的第 2 章将仍然专注于技术理论及总体概念。XAI 技术科学家需要为 ML 模型得出的预测结果提供解释，上述实际场景将从他们的角度进行介绍。我们将学习如何使用这些方法来回答有关 ML 模型预测"是什么""为什么"和"如何做"的问题。

此外，我们还将从 XAI 的角度深入研究 ML 模型的鲁棒性和安全性，以防止(或警惕)旨在愚弄机器模型以改变其预测结果的攻击。本书的最终研究目标，是从不同的角度学习 XAI，以成功处理现实生活中的问题，从而信任并证明 ML 模型是可解释的。

1.6　我们真的需要 ML 模型的可解释性吗

在本节中，我们想扮演魔鬼律师的角色。在进入后文讨论实际 XAI 方法前，除了以上已讨论的部分，本节将质疑是否真正需要可解释性。

关于 XAI，我们经常说的一句话是，要想信任 ML，必须能够解释决策或预测是如何产生的。下面再次回想一下 ML 的核心，基本上，我们谈论的系统不是通过算法(对模型工作原理的解释)学习，而是通过示例(经验)学习从而解决问题。

在所有规则不可行的情况下，ML 能够充分发挥其优势(例如，在没有用数百万张猫的图像训练系统的条件下，描述如何通过算法识别猫)。

因此，我们是否能做出"获得可解释性将以失去 ML 性能为代价"这样的论断呢？这意味着只有在 ML 模型没有用处的情况下，才能获得可解释性，并且此时已有完整算法来解决问题。

为了使这些论点更切合实际，假设我们想要破解最喜爱的足球运动员的踢球方式的这一奥秘(见图 1.20)。

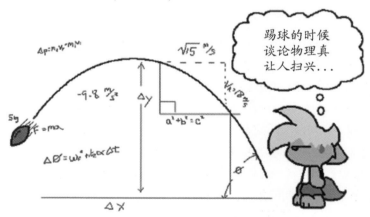

图 1.20　踢足球真的有必要学习物理吗？(ChaosKomori 2003)

你是会尝试了解踢足球的物理原理，还是会通过观察足球运动员在比赛中的行动并亲自反复尝试来学习呢？我想，物理模型毫无用处，你会通过观察与实践来学习。在这个类比中，依靠物理模型来学习如何踢球，与通过 XAI 来了解深度 ML 模型的工作原理相同。

还记得人工智能最初的一个想法吗？那就是让神经网络模仿人类大脑的学习和工作方式。在某种程度上，这正是目前 DNN 的工作方式：从经验中学习来完成复杂的任务，而这并不一定意味着神经网络会对如何执行这些任务有一个"可接受的"解释。

而这对人类来说是完全可以接受的，因为人们永远不会依赖对神经科学的深入研究，来获得神经元的活动，或是得出人类应该如何执行数学任务的解释。对于学生来说，可以通过设定符合学生知识水平的测试来检查学生是否认真学习了数学，但通常不会关心学生"如何"得出答案，这与将训练后的 DNN 转移至处理测试数据的道理相同。

这样是否说明我们并不需要 XAI，本书的研究毫无意义呢？事实并非如此。我们要用批判性的思维，并结合语义语境来理解这一信息。许多误解正是因不了解或误解问题的背景和相关需求所导致。

继续讨论需要 XAI 的主要应用：模型验证、模型调试和知识发现。对于最后知识发现来说，在没有解释的情况下使用 ML 进行预测是没有意义的。在这种情况下，我们试图通过暴力的 ML 数据处理方法来理解某种现象，同时不进行任何抽象建模。另外，即使我们得到了正确的预测结果，由于相关性和因果性之间的差异，没有对结果的解释也无法促进知识发现这一领域的发展。

因此，在这些特定情况下，即使有可能导致系统可理解性降低，我们仍十分需要对系统的工作方式进行详细解释，因为我们想解答有关新数据和反事实示例(未观察到的数据)范围内系统行为的问题。但在另外两种应用中，我们需要的是不同的系统属性，即公平性、无偏差、可靠性和鲁棒性。

我们需要的要么是因果关系方面的完全可解释性，要么是通过各种方法提供的一定程度的可理解性(将在后面章节中讨论)。此处可理解性是一个重要概念，它作为可解释性的轻量级版本，也可以在没有与 ML 系统类似的算法公式(完整的规则集)的情况下实现，但需要使用系统的局部近似、用于生成结果的不同特征的权重，或通过分解生成的规则等人工产物。

阅读完本书内容后，仍有可能无法清楚了解可理解性、可解释性等术语的概念，但至少会对 ML 及 XAI 有基础的认识，即能够使用"黑盒" ML 模型解决不适合用算法解决的问题。尽管这个黑盒的可解释性并不高，但我们可以通过一些方法(比如用可理解的模型以某种方式近似黑盒)以达到所需的可理解性水平，并尝试信任模型本身。我们还可以了解到，模型可理解性和/或可解释性的不断提高，一方面可以确保高水平的可解释性，另一方面还能避免系统出现过拟合和偏差等问题，进而构建更好 ML 模型并将模型更好地投入实际应用。

1.7   小结

- 探讨"ML 系统的'对于人类理解具有不透明性'"的含义。
- 通过实际示例说明，若 ML 模型无法回答有关结果输出和采用的标准原因的问题，使用者对于 ML 系统的信任将大大降低。
- AI 可解释性是 ML 领域的一门新兴学科，旨在增加 ML 模型的可理解性，你需要通过 XAI 获得对 ML 的信任。
- AI 可解释性对于 ML 模型在金融和健康等受监管行业中的应用至关重要。若 ML 模型不具有可解释性，其应用范围或将大大缩小。
- 区分并理解 XAI 在模型验证、模型调试和知识发现方面的主要应用。
- 可理解性和可解释性经常互换使用，但它们的具体含义不同。

在第 2 章中，我们将根据特定背景(需要理解哪个 ML 模型)和需求(我们正在寻求的解释级别)详细介绍 XAI 的不同方法。

参考文献

ChaosKomori. (2003). *The physics of football*. DeviantArt. 可在 https://www.deviantart.com/chaoskomori/art/The-Physics-of-Football-1870988 上阅读。

Deutsch, D. (1998). *The fabric of reality*. London: Penguin.

Du, M., Liu, N., & Hu, X. (2019). Techniques for interpretable machine learning. *Communications of the ACM, 63*(1), 68–77.

Gilpin, L. H., Bau, D., Yuan, B. Z., Bajwa, A., Specter, M., & Kagal, L. (2018). Explaining explanations: An overview of interpretability of machine learning. *In 2018 IEEE 5th international conference on data science and advanced analytics* (*DSAA*) (pp. 80–89). IEEE.

Karim, A., Mishra, A., Newton, M. A., & Sattar, A. (2018). Machine learning interpretability: A science rather than a tool. *arXiv preprint arXiv:1807.06722*.

Metz, C. (2016). *How Google's AI viewed the move no human could*. 可在 https://www.wired.com/2016/03/googles-ai-viewed-move-no-human-understand/ 上阅读。

Nguyen, A., Yosinski, J., & Clune, J. (2015). Deep neural networks are easily fooled: High confidence predictions for unrecognizable images. In *Proceedings of the IEEE conference on computer vision and pattern recognition* (pp. 427–436).

Ribeiro, M. T., Singh, S., & Guestrin, C. (2016). "Why should I trust you?" Explaining the predictions of any classifier. In *Proceedings of the 22nd ACM SIGKDD international conference on knowledge discovery and data mining* (pp. 1135–1144).

Samuel, A. L. (1959). Some studies in machine learning using the game of checkers. *IBM Journal of Research and Development*, 3(3), 210–229.

Singh, S. (2017). *Explaining black-box machine learning predictions*. 发

表于 #H2OWorld 2017 in Mountain View, CA. 可在 https://youtu.be/ TBJqgvXYhfo 上观看。

Turing, A. M. (1950). Computing machinery and intelligence-AM Turing. *Mind*, *59*(236), 433–460.

Doshi-Velez, F. & Kim, B. (2017). Towards a rigorous science of interpretable machine learning. *arXiv preprint arXiv:1702.08608.*

第 2 章

AI 可解释性：需求、机遇和挑战

> "一本书的意义可以归结为：将能够论证的解释清
> 楚，对无法言明的保持缄默。"
>
> ——Ludwig Wittgenstein

本章内容

- 什么是可解释性，如何评估
- 需要使 ML 模型具有可解释性的细节
- 对不同 XAI 方法和属性的高级概括

本章连接第 1 章介绍的 XAI 高级概述和第 3 章将介绍的 XAI 方法实践。本章将介绍一系列关键概念和更完整的术语，这些术语会经常在文献和论文中被提及。

第 1 章中的示例说明了 XAI 需要与 ML 模型预测相结合，以使预测实用且可信的情况。我们还了解了可解释性和可理解性等词的真正含义。

本章重点介绍具有适当分类法的 XAI 方法。为此，列举了一个实际的示例：如何根据顾客的年龄预测产品的销售情况。

在开始介绍 XAI 方法之前，首先讨论如何从人类的角度评估解释，以及在第 1 章中提出的 ML 和 XAI 流程中人类可能起到的作用。

2.1　人工介入

在第 1 章中，我们简要讨论了在使用诸如可解释性和可理解性等不同词语时出现的歧义。本书的观点是，可解释性的意义比可理解性更丰富。可理解性是获得可解释性的第一步，在这一步中，采用了一些方法来获得关于 ML 模型如何产生特定输出的一些提示。但可解释性要求全面理解 ML 模型，以及在预测结果时，能够回答"为什么"问题的可能性。

其中的难点在于，如何知道解释是否足够好，以及谁是"足够好"的解释的受众。诚然，对 ML 领域专业人员来说具有丰富技术细节的解释，可能对不了解 ML 领域的人来说根本不起作用。非该行业的人员可能不会仅仅通过这种技术评估来增加他们对模型的信任。

2.1.1　半人马座 XAI 系统

如果将 XAI 视为一个"半人马"系统，认为它结合了 ML 模型和试图理解模型产生的解释的人类，那么我们可以将其作为"人工介入"XAI 范式的模型。

在图 2.1 中，我们描述了一个典例任务。例如 AI 分类器，它以一定的概率输出"狗或狼"分类。

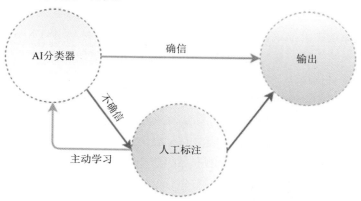

图 2.1　人工介入提高了参与训练过程的 AI 分类器的性能

如果分类器有不确信之处，可以寻求人工介入。人类可以在图片中加入新的注释，或者微调模型。AI 系统和人类之间这种形式的协作旨在进一步提高性能。当然，通过为分类器选择最适合的模型或构建模型可以在训练过程中使用的更智能特征，人类甚至可以在早期步骤中使用主动学习。

要理解这一点，可以思考国际象棋这一典型案例。1997 年，IBM 深蓝队战胜 Gary Kasparov 后，人们普遍认为人类已经无法在国际象棋的对弈中胜过机器。但 Kasparov 在一年后(1998 年)提出了疑问，即人类可能无法再击败 AI 系统，但通过"人工介入"，或许可以成功地与机器协作，以更好的性能击败人类或机器。

此后，在各种自由国际象棋比赛中，这些半人马系统(人类加 AI)的表现打破了人们的普遍观念，令人印象深刻：一台强大的计算机加上一个强大的人类，总是可以打败最强大的计算机。甚至不止于此，三台低性能的计算机加上两名年轻的业余棋手的组合战胜了当时最强大的国际象棋人工智能之一 Hydra。当三台性能较低的计算机给出不同的建议时，人类可以与系统交互，进一步分析并做出决定。在某种程度上，人与机器模型之间的交互不仅仅是各部分的总和。ML 模型的使用暴露出人工机器模型仍然缺乏人类规划能力。

这个国际象棋的示例可以扩展到一般情况。人工介入不仅是 XAI 所需要的，而且也是为了获得更好的结果。这可以用帕累托 80:20 规则的一个变体来有效地概括。

> 帕累托原理：帕累托是一位意大利经济学家，1986 年他在洛桑大学设立了 80/20 规则，即在各种事件中，80% 的影响通常来自 20% 的原因。该规则通常应用于，公司 80% 的销售额来自 20% 的顾客，或者 80% 的软件质量是通过修复 20% 的最常见缺陷所实现的。这一结果的数学原理在于产生这种现象的潜在幂律概率分布。

在这种情况下，一个理想的 ML 系统 80% 由 AI 驱动，但为了进一步提高准确性，仍需由人类付出 20% 的努力(见图 2.2)。

人类不仅在 XAI 领域积极接收和提供可解释性，而且在半人马协作模型中，也为提高整体性能做出了积极贡献。机器很擅长提供答案，但人类通常更擅长找到真正的问题，以便做出关键决策，或解释学习数据集之外罕见情况的结果。

此外，模型在回答诸如"什么更美？""正确的做法是什么？"或回答那些由可解释性引起的问题时出现明显缺陷。例如，如何创建一个公平且不受偏差影响的模型仍悬而未决，比如我们在第 1 章中讨论的"男人之于女人，就像程序员之于......家庭主妇"的问题。

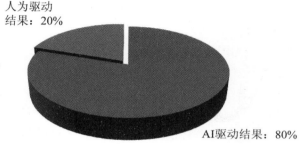

图 2.2   帕累托原理表明，一个高效的 ML 系统必须有 20%的创造性(人为)努力

但实际上，模型可以对人类合作者提出疑问："哪些答案公平，哪些不公平？"然后尝试从答案中学习。基于上述原因，在 XAI 中，人类可以对解释模型的所有四个 F.A.S.T.方面做出贡献(请记住，F.A.S.T.代表属性的公平性、责任性、安全性和透明性)。

还记得我们之前讨论过的，关于需要在可解释性和性能之间进行权衡的普遍看法吗？这是另一个解答角度。性能与"人工介入"结合在一起，可以同时提高性能和可解释性。

例如，借助一些领域的专业知识，我们可以构建更智能的功能，使模型更简单、更易于解释，同时提高性能。

结合人工介入的协作方式，重新考虑特定的 XAI。XAI 系统通过添加人类可以理解的可解释性和可理解性，并带有一个向用户开放的界面，从而在人工介入的过程中理解输出。

2.1.2　从"人工介入"的角度评估 XAI

正如 Gilpin et al.(2018)所述，可解释性可以通过两个主要特征进行评估：可理解性和完整性。

可理解性的主要目标是提供一组描述，使人们能够根据个人的具体需求了解 ML 模型的功能，从而获得有意义的知识和对系统的信任。

完整性指系统所描述的准确性取决于预测模型结果的可能性。因此，若对模型的描述能够用人类可理解的语言提取模型的所有知识，则该描述是完整的。

从这个意义上讲，很难在可理解性和完整性之间进行权衡，因为可理解性最高的解释通常很简单，而具备完整性的模型描述可能与模型本身一样复杂。正如 Gilpin 所说："解释方法不应在这种权衡的单一点上进行评估，而应根据它们在从最大可理解性到最大完整性的曲线上的表现来评估(Gilpin et al. 2018)。"

该曲线明确取决于已介入循环中的特定人员，以便为所评估特定场景找到最合适的权衡。在不同的选项中，我们遵循 Doshi-Velez and Kim(2017)提供的方法，根据人类在评估中所起的作用，总结不同类别的可解释性(见图 2.3)。

- 基于应用程序的评估(真人—真实任务)：该方法考虑到试图依靠 XAI 应用到 ML 系统所产生的解释来完成真实任务的人。在这种情况下，假设人类是任务领域的专家(例如，诊断特定疾病的医生)。基于人类根据解释所取得的结果(质量越优，误差越少)而进行评估。
- 基于人的评估(真人—简单任务)：在这种情况下，不引入此领域的专家，而只是由普通人判断解释。评估方法取决于独立于相关预测的解释质量。例如，可以向人类提供解释和输入，并要求其模拟模型的输出(不考虑实际输出情况)。举例来说，在一种信贷审批系统中，信贷员必须向银行顾客解释其贷款申请被拒绝的原因。在这种情况下，系统可以向顾客展示一些最小的相关负面特征集(例如，账户数量或年龄)。这些特征一旦改变，其资格也会改变。

● 基于功能的评估(无真人—代理任务): 若有一组模型被以人为基础
的实验验证为可解释，想要将其用作真实模型的代理时，通常采
用这种评估。当人类无法执行评估时，将使用这组模型。回到信
用审批系统的示例，在这种情况下，没有人判断解释，但我们会
使用一个可解释的模型，该模型可作为代理来评估解释的质量。
一种常见的代理是作为高度可理解的模型的决策树，但是需要在
选择一个完全可理解的代理，和选择一个能更好地表示模型行为
但不易理解的代理方法之间进行谨慎的权衡。可理解性和完整性
之间的关系也有助于更好地回答 ML 模型是否真正需要可解释性
的问题，我们将在本章最后一节进行讨论。

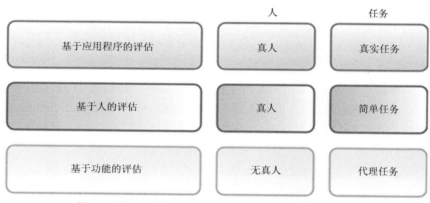

图 2.3　基于人类在评估中所扮演的角色的可解释性类别

目前为止，我们还没有一个简单方法来定量评估模型的全局可解释性
水平。主要原因是，必须由掌握该领域不同知识和有不同需求的人对具体
情况进行具体评估(甚至在功能性基础方法中，评估可能根本不包括人)。

我们认为可解释性比可理解性涵盖范围更广，但同时我们讨论了得到
可解释性可能意味着提高完整性(对系统准确描述以预测其行为)，即权衡
可理解性(对于具备特定领域知识的人来说足够简单的描述)。

这个题外话的主要目的是用我们分析的因素，根据背景适当设置 XAI 的优先级。再次观察图 2.4，发现它与我们用来设置不同类别的评估的图相同，但在左侧有一个额外的箭头：从基于功能的评估上升到基于应用程序的评估通常意味着成本和复杂性增加。现在我们意识到，增加解释的完整性会降低可理解性。有了这些认识，就可以根据目标和约束做出正确的 XAI 评估。

图 2.4　基于人类在评估中扮演的角色的可解释性类别，箭头表示成本和复杂性不断增加

2.2　如何使 ML 模型具备可解释性

无论是对解释能力进行定量评估还是对 XAI 方法的分类进行定义，都没有特殊方法。对于使 ML 模型具有可解释性的方法的选择，重要的是要真正了解决定选择的因素，这与我们将采用的类别无关。因此，我们将介绍一个真实的案例场景，该场景非常简单，但提供了这些概念的具体表示。假设你在营销部门工作，需要提供一个粗略的模型，用来根据顾客年龄预测智能手机的销售额。粗略数据如图 2.5 所示。

从图 2.5 可以很明显地看出，销售额分散在平面，呈不规律的上下波动。我们在这里所说的"上"和"下"可以转化为对学习函数特征的更规范化的理解。基本上，可以区分学习函数的三种主要行为，它们体现了模型的可解释性的等级。

- 线性函数：这是最显而易见的一类 ML 模型。线性函数意味着输入特征的每一个变化都会以给定的速率，在一个特定方向上使学习函数产生变化，其幅度可以在模型的可用系数中直接读取。所有的线性函数为单调函数。回顾一下，单调函数是在其整个域上递增或递减的函数。
- 非线性单调函数：在这种情况下，特征输入发生变化时，没有能直接表明输出变化幅度的系数。但在任何情况下，对于给定的输入特征变化，输出的变化方向相同。
- 非线性非单调函数：这些函数很难理解，因为随输入特征的变化，输出将以不同的方向和速率变化。

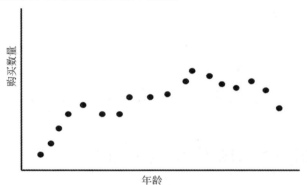

图 2.5　不同年龄顾客购买智能手机的情况

现在继续讨论示例，尝试预测销售额。图 2.6 显示了一个模型的情况，该模型试图通过线性单调函数基于顾客年龄预测智能手机购买数量。

对此有解释：这条线的斜率显示出一个单位年龄的变化预计会导致增加多少购买数量。图 2.7 中采用了非线性非单调函数解释相同问题。

很容易意识到，此时无法得到一个能解释购买数量和年龄之间的关系的斜率。第一个线性模型并没有得到足够的信息以说明购买数量和顾客年龄的关系。这意味着，较年长的顾客购买智能手机的数量较多这一假设不适用于所有年龄段。数据中存在趋势变化的区间，为了求出这一趋势，我们需要采用非线性非单调函数来增加 ML 模型的复杂性。

可理解性："年龄增加一个单位，
购买数量平均增加0.8。"
浪费
营销
利润
损失
购买数量
图例
观察数据
线性模型，g(x)=0.8x
年龄

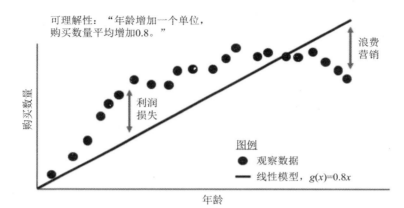

图 2.6　线性单调函数给出了一个简单现成的解释，带有一个全局特征，即一个单位年龄的购买量变化

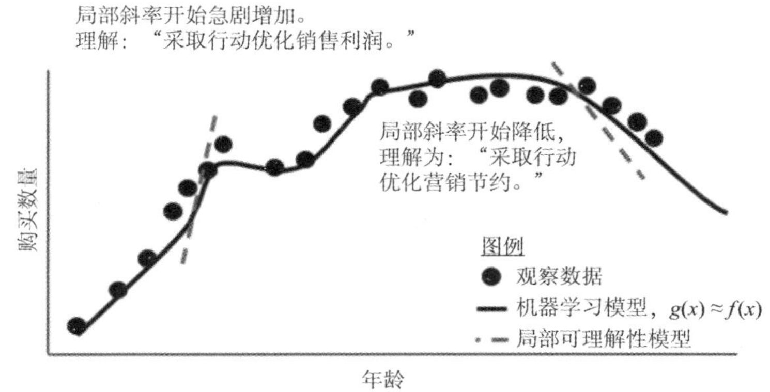

局部斜率开始急剧增加。
理解："采取行动优化销售利润。"
局部斜率开始降低，
理解为："采取行动
优化营销节约。"
购买数量
图例
观察数据
机器学习模型，g(x) ≈ f(x)
局部可理解性模型
年龄

图 2.7　对于非线性非单调函数，我们排除了一个易于解释的全局模型，有利于提高准确性

但这两个模型之间的比较使我们得出另一个重点：线性模型与观测数据不太吻合，因此可以得到很好的解释，但代价是预测的准确性下降。

是的，对于像你这样聪明的读者来说，可以看出这证实了我们在第 1 章中承诺要阐明的普遍看法：需要在性能和可解释性之间作出权衡，提升性能可能会降低可解释性，但请相信，情况并非总是如此。我们猜测可能有人会因模型出现了过拟合而存在反对意见。我们可能会争辩说第二个表现更好的模型确实对数据过拟合，并将减少过拟合以保持性能并提高可解

释性。在这个阶段，我们只是猜测，还不能详细说明这一论点。假设目前没有过拟合(这里只是定性模型，没有任何定量细节)，这个示例只是为了说明总体性能的提高如何给可解释性带来挑战。但我们将在第 5 章看到，构建更好模型(就避免过拟合和其他方面的偏差而言)的最佳实践也可能有助于可解释性，反之亦然：可解释性可以指导 ML 模型的构建。

在本章后面，我们将再次分析此图，进一步说明虚线及其在可解释性方面的含义。虚线表示模型的局部近似值。这就像使用一个线性模型，得到只在一个小区间内有效的解释，以拟合更复杂的整体函数的局部行为。现在需要获得有关函数的定义，进一步对不同 XAI 方法进行分类。

首先区分内在可解释性和事后可解释性。在第一种情况下，模型已经被构建为具备"内在"可解释性(上面示例中的线性模型)，而在第二种情况下，可解释性在模型创建后的一段时间内实现("事后"指可解释性在第二阶段通过一个现有和正运行的模型实现)。

图 2.8 展示了按照 Du et al.(2019)的方法，将被应用于学习不同 XAI 技术的分类。

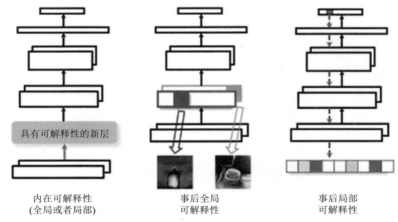

图 2.8　XAI 不同技术的类别, Du et al. (2019)

这三种方案都与分析深层神经网络有关(但模型的类型并不重要)，第一个区别实际上是提供内在可解释性和事后可解释性之间的区别。

我们所设想的分类法的第二个层次的区别更多的是关于范围。无论是内在可解释性还是事后可解释性，我们可以进一步将其分为全局可解释性(用户可以理解模型在所有数据范围内的工作原理)和局部可解释性(针对个别预测提供具体解释)。后文将更详细地介绍这些一般类别。

2.2.1 内在可解释性

有两类主要模型可被定义为具备内在可解释性(还可以称为白盒模型或可理解模型)。第一类模型可以直接理解生成 ML 模型的算法子集。以线性回归、逻辑回归和决策树模型为代表，下一章将会详细介绍这些内容。但重要的是要先理解为什么我们称其为具备内在可解释性。

线性回归用于对一组具有线性关系的特征($x_1…x_k$)与目标(Y)的相关性进行建模：

$$Y = m_0 + m_1x_1 + m_2x_2 + \cdots + m_kx_k \qquad (式 2.1)$$

式 2.1 给出目标 Y 和一组特征($x_1…x_k$)之间的标准线性关系。

在可解释性方面的明显优势是，我们可以比较权重($m_1…m_k$)，以了解不同特征的相对重要性。这是预测购买量示例的更一般情况。在上面的示例中，我们只有一个特征(年龄)来模拟与购买量的关系。此处用多个特征，因为购买量不仅取决于年龄，还取决于其他因素(例如性别、工资)。无论在何种情况下，权重直接显示出特征对于预测结果的重要性。

逻辑回归是线性回归的一种变体，用于处理分类问题。我们将在第 3 章用一个实际的工作案例再次讨论这个问题，但现在需要先熟悉它。

还记得我们在第 1 章中展示的狗和狼的示例吗？这是一个经典的分类问题，线性回归不能很好地解决。假设你有这两个类(狗和狼)的图像要分类，如果使用线性回归模型，它将在两个类之间拟合和划分数据。但线性回归模型只是找到了插值和划分集合的最佳直线(或在二维以上情况中的超平面)，这可能会造成问题。

在逻辑回归的情况下，我们所寻找的是能够给出输出特定项目是狗或狼的概率，且概率按定义在 0 和 1 之间。因此，我们在本例中将狗设为 0，狼设为 1。但是使用线性回归拟合数据，将产生 0 以下和 1 以上的数字，这不利于分类。所以，不能直接把输出理解为给定项目的概率。概率在逻辑回归中是固定的，但函数比上面的式 2.1 更复杂：

$$P(Y=1) = 1 / \left(1 + \exp\left(-\left(m_0 + m_1 x_1 + m_2 x_2 + \cdots + m_k x_k\right)\right)\right) \qquad \text{(式 2.2)}$$

　　为深化概念，公式(2.2)解决了 ML 中的两个理论问题。它是使概率论的似然函数最大化的最简单公式，给出了一个合理、鲁棒的凸损失函数。这使得它对噪声有弹性，并且非常易于训练。因此，即使作为复杂模型的一部分，它仍有着非常广泛的应用。

　　在逻辑回归的情况下，权重和对结果的影响之间没有直接的映射关系(没有线性关系)，但是我们仍然可以理解它们并得出解释，这将在下一章中探讨。线性回归和逻辑回归具有相同的线性结构，因此，若用二维图绘制试图预测或分类的样本，则线性回归和逻辑回归都会用直线划分不同的类别。在这种情况下，它们都有线性决策边界。

　　内在可解释性模型的第三个主要代表是决策树。它与逻辑回归和线性回归有很大的不同，它没有简单的线性决策边界，可以用于分类和回归，但它并不基于函数来拟合数据。决策树的工作原理是在通过对特征设置截止值，对信息进行划分，直到识别出正确的子集。该程序还可以处理特征和结果之间的非线性关系，同时保持了很强的可解释性。图 2.9 初步解释了所呈现的内容。

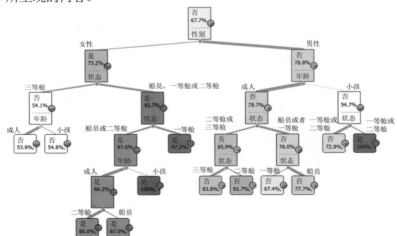

图 2.9　应用于泰坦尼克号数据集的决策树，易于解释模型如何预测存活概率

决策树根据性别、客舱等级和年龄等特征显示了在泰坦尼克号灾难中存活的概率。示例中有两个标签："是"代表生存，"否"代表丧生。在每个框中，你可以看到该标签的百分比。因此，在第一个方框中，我们可以看到 67.7% 的"否"，即丧生的人的比例；也就是说，剩下 32.3% 的人存活了。

通过决策树，很容易解释这些特征如何决定存活概率。在下面的框中，我们更进一步介绍了决策树的工作原理的更多细节，不过我们将在第 3 章对其进行更深层次的讨论。

为避免读者产生任何误解，在此阐明：在本节中，我们对线性回归、逻辑回归和决策树进行了大量讨论，将可解释性的概念作为模型的"内在"特征，而不需要任何进一步的技术来理解它们。后文将依次对这三个模型进行深入探讨。目前，更重要的是要熟悉"内在可解释性"这一概念，以便将其置于可用方法的一般分类中。

熟悉 ML 的读者会知道，决策树进行划分是为了在目标变量中实现最大纯度，这意味着它们最大化了组的同质性。

假设你有 10 辆自行车，按颜色进行划分。若分为 10 辆红色自行车和 0 辆蓝色自行车，则这组自行车的纯度为 100%；而若分为 5 辆红色自行车和 5 辆蓝色自行车，则这组自行车 100% 不是纯色。基尼指数和熵都是这种纯度概念的定量和一般性度量。基尼指数与本例直接相关，纯度最高的情况下(10 辆红色自行车，0 辆蓝色自行车)的基尼指数为 0，纯度最低的情况下(5 辆红色自行车，5 辆蓝色自行车)的基尼指数为 0.5。熵的公式更为复杂，它被塑造成一个群体无序度的量度(这是纯净度的另一个方面)。另外，对于 10 辆红色自行车和 0 辆蓝色自行车的情况，与熵为 0 的边界相同(这也是一个非常有序的组，因为你可以在一个配置中实现它，并对目标变量(颜色)进行完全划分)。对于 5 辆红色自行车和 5 辆蓝色自行车，熵等于 1(颜色方面为无序状态)。

如前所述，除了被设计为提供可解释性的模型外，还有另一类具备内在可解释性的模型，我们称之为调和模型。在这种情况下，可以从一个不可解释的模型开始,但假设我们有能力修改它(就像我们从头开始构建一个模型,或者可以访问其内部原理的具体情况一样),可以通过添加可理解性限制来修改它。

想要理解透彻,你可能希望继续使用图 2.7 所示的非线性模型(根据年龄预测智能手机的购买量),但强制关系为单调关系,以保证结果中的变化方向始终相同,并简化可解释性(如果特征增长,则总是会对结果产生相同的影响)。是的,这意味着回到图 2.6 的线性模型,而这正是我们在这个简单的示例中要得到一个调和模型所要做的。这样做的风险是,从模型外部强制约束虽然能提高可解释性,但可能会降低模型的性能,正如我们在 2.2 节中从另一个角度讨论图 2.6 和图 2.7 那样。

(是的,以上内容再一次证实了关于性能和可解释性之间权衡的普遍看法,但我们将看到一个关于 XGBoost 模型的明确示例,其中添加可解释性约束将提高性能,因此请继续按序阅读。这个过程的要义是在需要时提供信息,而不是"一全盘"作为大致参考。)

2.2.2 事后可解释性

如果不是在"内在可解释"的情况下呢?我们仍然可以依赖的事后可解释性,其具有两种主要变体:模型不可知解释性和模型特定解释性。正如我们在这里所说的"事后"意味着解释是在现有模型的基础上生成,该模型并不总是可理解的。

属于模型不可知范畴的技术将模型视为一个黑盒,而不会访问模型的内部参数。不可知方法的优势在于,它们可以应用于任何 ML 模型以生成解释性。在了解细节前,要知道"排列特征重要性"是一个典型的示例。

在这个示例中,通过观察数据集中特定特征值的排列对预测的影响,评估特征相对于其他特征的相对重要性,利用对输出贡献更大的特征来间接地建立解释。

这里需要记住并在第 4 章中深入讨论,另一个有效的尝试是从黑盒模型的输出中训练出一个内在可解释的模型。这种方法被称为"知识蒸馏"。我们使用强大而复杂的黑盒模型来搜索完整的数据集以寻找解决方案,然后使用结果来指导一个更简单且内在可解释的 ML 模型来复制行为，但仅限于缩小的解决方案。基本上，黑盒模型充当可解释模型的教师，复制出与可解释模型相同的结果，但有可能提供解释。

从实践的角度出发，模型不可知解释的重要性值得被反复强调。假设你要解释一个由数据科学家创建的模型，但对用于训练该模型的方法一无所知，你必须检验出该模型的弱点，并向其他人解释其答案。在这种情况下，你可以使用不可知方法，可能是一种局部方法，如 LIME 或 SHAP(请在后续章节了解这些方法的详细信息)。不可知方法的优点是对用户非常友好且易于使用，因此即使是不了解 ML 或计算机科学的人也可以使用它们，这正是业界对这些方法如此感兴趣并愿意投资的原因。

另一种可能性是依赖模型的特定解释，这是通过检查模型的内部结构和参数，为每个模型专门构建所得。模型特定解释通常很复杂，因为它们需要处理 ML 模型的内部结构。一个示例是从相反的方向使用反向传播(在 ML 中广为人知)：按照梯度(最大变化方向)从输出到输入追溯模型，以确定对构建输出贡献最大的特征。另一个示例来自决策树。

有一种简单但更强大的决策树称为随机森林，它是不可解释的。还记得决策树是如何划分信息的吗？决策树使用基尼不纯度或熵(见上文注释)等指标对信息进行划分。因此我们可以根据经验说，该指标的突然变化对应于重要决策，XAI 系统可以利用该指标的相关变化来权衡特征的重要性，即在分配最终标签之前，每次分割时的信息增益测量。

由于内容较为枯燥，因此你可能无法仅凭寥寥几行完全理解这些方法如何运行，但在此阶段，重要的是区分不同方法，并了解其主要概念。

在这一点上，我们仍然缺少实际技巧，无法使这些方法发挥作用(我们将在第 3 章解决这个问题)，但能够区分两个主要的 XAI 方法：内在可解释性和事后可解释性，并了解每种选择的原因。在同一种情况下，对于内在可解释性，模型可以按原样解释，查看参数，而对于事后情况，模型不能直接解释，我们需要将其作为一个不可知的黑盒来处理，或者通过使用模型内部来获得特征的相对重要性。此外，我们将这些方法应用于更广泛的"人工介入"范例中，以解释为什么探寻 XAI 也能提高 ML 系统整体性能。

2.2.3 全局或局部可解释性

正如前文所述，全局可解释性和局部可解释性之间的区别在于范围。对于全局可解释性，我们最关注的是从全局角度看模型是如何工作的，即生成输出的机制。对于局部可解释性，我们关注对单一预测或结果的解释。

要点是在给定输入附近局部近似 ML 模型，并使用可直接理解的内在可解释模型(如上文介绍的线性回归、逻辑回归或决策树)。局部代理用于理解特定的预测，但这些解释仅适用于特定输入的邻域。

再来看看预测购买量的模型，如图 2.10 所示。

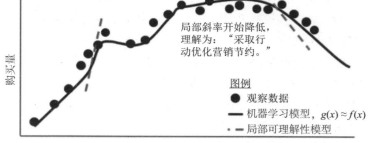

图 2.10　预测购买量的模型。具有不同斜率的虚线可用于局部解释模型的预测

非线性非单调函数与数据非常吻合，很难提供解释。但虚线表明了一种方法：获取函数的局部线性近似值，以便围绕某个特定区域提供解释。不具有单一的斜率，而是在不同的区域有不同的斜率来解释正在发生的事情。虚线正是我们正在讨论的模型的局部近似值。正如你所看到的，我们需要多条不同的线来表示不同的输入，以得到一个简单的线性回归模型的解释，该模型可以局部近似非线性非单调模型。

这个示例可以更好地帮助理解前文中"在可理解性和完整性之间进行权衡"的含义。在线性回归的情况下，我们有一个单一的系数来解释购买数量随年龄的总体变化，但是我们看到数据的拟合度不高。对于更复杂的函数，我们能预测得更准，但不能像以前那样依靠单个参数提供可解释性。当然，我们不希望函数过于复杂导致数据过拟合。为了理解并预测系统的行为，需要提高解释的完整性。我们依靠局部近似来解释结果，因此产生了不同的权重，其有效性仅限于某些数据集，从而失去了对整体结果的简单解释。可能难以用这种方式向人类提供解释。

通过举例明确这一点。和前文相同，假设我们的市场营销部门需要根据顾客的年龄预测所选商品的销售额。我们采用了一个复杂的函数，它可以非常准确地根据年龄预测销售额，但到目前为止，这只是没有 XAI 的 ML。XAI 开始发挥其作用，向分配给我们工作的人解释模型是如何工作的，以获得信任。我们有如下两个选择。

- 实现完全可理解性：使用线性回归模型，而不是复杂函数，并假设预计购买量会随着年龄的增长而增加。
- 实现完整性：不能将购买量和年龄之间的关系作为全局结果，而是使用局部线性替代分析数据。在一些地区，购买量随着年龄的增长而增加；在另一些地区，购买量随着年龄的增长而减少。显而易见，这样场景会更加复杂，更难以解释和信任。我们可以通过局部线性替代很好地预测模型的输出，但会失去一定程度的可理解性。

还需要考虑另一点，以避免过于简单化。在第一个示例中，我们假设模型依赖于一个特征：年龄。这与现实世界中的情况不同。在现实世界中，我们会使用许多特征对案例进行建模(例如，工资和性别，类似于线性回归，但有多个变量)。而且，生成具有多个特征的解释变得更加复杂，因为你无法快速查看图表来了解销售额随着年龄的增长所发生的变化。我们使用这种简化只是为了使可理解性和完整性之间的关系更加明显，但在本书的其余章节将了解如何处理具有大量特征的 XAI。

用不同的视觉图来回顾我们迄今所学的内容，见图 2.11。

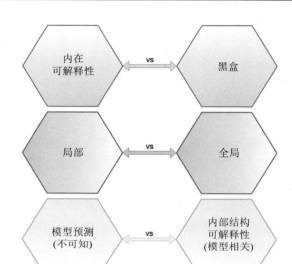

图 2.11   解释概述。我们首先将模型分为内在可解释模型和黑盒模型。

然后添加可解释性范围：局部或全局可解释性。

最后，将方法分为不可知方法和模型相关方法

可以根据我们用来获得解释的内容将方法分为内在可解释性的两大类和黑盒方法两种。对于内在可解释性，我们主要依赖于"内部"，因为正如我们所看到的，参数(或权重)可能已经提供了可解释性的正确水平。

对于黑盒方法，我们从模型预测开始，探索模型以理解其行为(预测如何变化)，或者得到对预测子集有效的局部近似，或者使用模型特定解释打开盒子，但在这种情况下，我们没有与内部解释的情况相同的内部提供的"现成的"可解释性。

让我们回到第 1 章中介绍的 XAI 流程，如图 2.12 所示。你可能会注意到，Du et al.(2019)的分类使用了术语 post hoc(事后)来进一步强调在这种类型的方法中，可解释性在 ML 模型创建之后实现。这些概念没有改变，但我们更偏向于在本书的其余部分使用此流程(图 2.6)。其中第一个划分是对从外部可解释性为黑盒(不可知方法)和从内部可解释性的模型(包括内在可解释模型的情况)之间进行的。另一个主要的差异与内在可解释性的模型有关：我们认为它们是依赖于模型的方法产生解释的示例(而 Du et al

把它归为专门的一类)。虽然可以解释，但我们需要依赖于特定的模型内部来理解。我们不使用术语 posthoc，但需要记住它，因为它也出现在 XAI 论文中。我们还认为，读者最好从一开始就习惯于从不同的角度来看待 XAI，因为随着研究深入，将会在 XAI 文献中接触到各种观点。

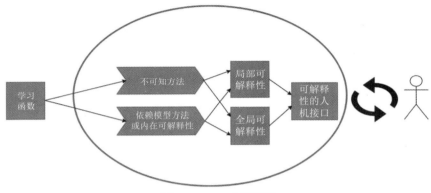

图 2.12　XAI 主要流程

2.3　解释的性质

在开始用 Python 代码对 XAI 进行实际操作之前，我们还差最后一步。我们想在此将具有特定含义的主要术语分组为解释属性，这些解释将在后面的章节中使用。通常我们在需要时定义术语，但在这种情况下，由于术语在逻辑上是分组的，我们更希望将所有术语放在一起，来表示它们之间的联系。

正如我们在前面关于 XAI 分类的小节中所说，目前不可能对 XAI 方法进行定量评估并生成解释，只能进行定性评估。本节中讨论的属性同样如此。即使我们不能为不同的属性"打分"，但我们希望在描述解释和 XAI 方法时尽可能精确。可以设想一个真实的案例，根据 Robnik-Sikonja 和 Bohanec(2018)的工作，我们与 ML 模型协作的"人工介入"可能会提供一份 XAI 报告，其中方法和产生的可解释性被标记为我们将在下文中讨论的属性。

第一组性质用于从全局角度描述可解释性和方法(而不是单个可解释性):

完整性：系统描述的准确性取决于预测模型结果的可能性。

表达力：表达力涉及解释所采用的语言。正如我们所看到的，每种解释都可以用不同方式、不同技术、针对不同的"人"(不同需求、范围和知识)来表达。解释有不同的选择，具备不同表达力，主要方法包括命题逻辑(即 if-then-else)、直方图、决策树或自然语言等形式。

半透明性：半透明性描述了解释在多大程度上是基于对 ML 模型内部的研究。我们可以以两种边界情况为例，一种是可理解性模型，如线性回归，其中权重直接用于可生成解释；另一种是改变输入以查看输出变化的方法(在不可知方法中常见)，半透明性为零。

可移植性：可移植性评估了特定 XAI 方法所涵盖的 ML 模型的范围。不可知方法通常具有较高的可移植性，而模型特定的解释的可移植性最低。

算法复杂度：算法复杂度与生成解释的方法的计算复杂度有关。在复杂度很高的情况下，提供解释非常重要，因为这是一个潜在的瓶颈。

下面的一组性质是指个别可解释性的性质(源于 Robnik-Sikonja 和 Bohanec(2018)解释的子集):

准确性：这与通常的准确性定义有关，该定义来自 ML，但是从 XAI 的角度来看。在 ML 中，准确性是一种性能指标，定义正确预测数占输入样本总数比例。就本文目的，准确性表明一种可解释性是否很好地预测看不见的数据。这与作为 XAI 应用程序生成知识的论点有关。可解释性可以用来代替 ML 模型进行预测，并且它至少要达到 ML 系统所达到的准确性水平。

一致性：此属性描述从不同模型生成但在同一任务上训练的可解释性之间的相似性。若模型产生了相似的预测，则期望相关的可解释性也是相似的。我们会了解到一致性对 XAI 方法的选择有多重要。

稳定性：此属性比较特定模型的类似实例之间的可解释性，不同于比较不同模型的一致性。若特征的微小变化会导致可解释性发生巨大变化(假设相同的变化没有对预测产生巨大影响)，则可解释性不稳定，且可解释性方法具有较高的方差，可信度不高。

可理解性： 这与本章人工介入部分中提出的论点有关。这一尝试是为了了解人类对所产生的可解释性的理解程度。

2.4　小结

- 从人的角度评估可解释性。认识到人类的作用，并为特定受众调整可解释性。
- 区分可解释性的可理解性和完整性，并根据主要目标在两者之间进行适当的权衡：对系统进行详细的描述，或为受众提供简单的解释。
- 对 XAI 方法适当进行分类：
  ——识别内在可解释性与事后可解释性。
  ——在正确的范围内使用可解释性：全局与局部。
- 在 XAI 主要流程中找到 XAI 方法，这些方法将在下一章中用于解决实际情况。
- 设计一份报告，使用正确的属性对可解释性和采用的 XAI 方法进行评估。
- 学习如何批判性地思考 XAI，并探寻 XAI 的真正需求，以确定所需解释的正确水平。

在第 3 章中，我们将通过使用 Python 的特定示例进行可理解性模型的实践。目标是根据这些模型的内在可解释性，提供实际案例，为 ML 模型的预测提供解释。

参考文献

Doshi-Velez, F., & Kim, B. (2017). Towards a rigorous science of interpretable machine learning. *arXiv preprint arXiv:1702.08608.*

Du, M., Liu, N., & Hu, X. (2019). Techniques for interpretable machine learning. *Communications of the ACM, 63*(1), 68–77.

Gilpin, L. H., Bau, D., Yuan, B. Z., Bajwa, A., Specter, M., & Kagal, L. (2018). Explaining explanations: An overview of interpretability of machine learning. In *2018 IEEE 5th international conference on data science and advanced analytics* (*DSAA*) (pp. 80–89). IEEE.

Robnik-Šikonja, M., & Bohanec, M. (2018). Perturbation-based explanations of prediction models. In *Human and machine learning* (pp. 159–175). Cham: Springer.

第 3 章
内在可解释性模型

> *"我无法创造的，也是我无法理解的。"*
>
> ——理查德·费曼(Richard Feynman)

本章内容
- 内在可解释模型的 XAI 方法
- 线性回归以及逻辑回归
- 决策树
- *K* 最近邻算法(K-Nearest neighbors, KNN)

本章旨在展示如何提供内在可解释模型的解释。正如我们所说，对于这类 ML 模型，可以通过观察内部结构实现 XAI，这些内部结构能够合理解释构建模型的权重值和参数。我们将(使用 Python 语言描述)列举实际示例，分别解决葡萄酒质量问题、类似泰坦尼克号灾难中的存活特征问题，以及依赖于 ML 模型的鸢尾花常青分类问题。

还记得我们在第 1 章中设想的 XAI 流程吗?

如图 3.1 所示，在前文中，我们认为内在可解释模型与 XAI 的依赖模型方法路径相同: 由于这些模型透明，所以可以提供解释，我们可以观察内部结构，但各模型提供解释的角度有所不同。对于内在可解释性，关于提供全局可解释性(模型的全局工作方式)和局部可解释性(给出单一预测的理论依据)上不会存在任何问题。

我们将重点放在概念上，这样人们可以将类似流程从使用 Python 转换为其他编程语言或工具(如 R 语言)。

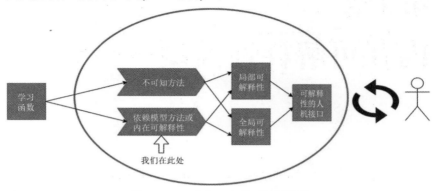

图 3.1   XAI 流程：内在可解释模型

3.1   损失函数

在详细介绍真实场景之前，我们需要回顾一下在第 1 章中提到的损失函数的相关概念。还记得我们讨论过一个关于向顾客发放贷款的相关风险的案例吗(图 3.2)？

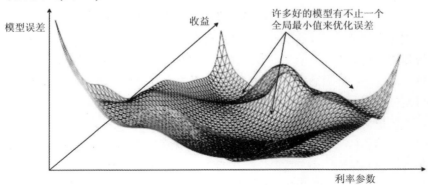

图 3.2   ML 模型误差表面例证

如前所述，若我们将误差建模为场景，那么每一次参数选择会构建一个不同的模型，我们也更倾向于选择最小化损失函数的模型。每个局部最小值都可供模型选择，每个不同的模型也会生成一系列不同的解释。因此，无论从纯粹的 ML 角度，还是从更特殊的 XAI 角度来讲，损失函数都是基础(线性回归中的损失函数也被称为经验风险，empirical risk)。

一个足够强大的模型(如神经网络)的损失函数有众多最小值，因此以下情况会生成十分复杂的损失函数场景：

- 特征选择困难，有些特征无相关性。
- 样本中存在离群值，该样本值不同于大部分样本值。
- 问题本身十分困难或无意义(或实际上，是无解的)。

我们与 XAI 构成关联，是因为 ML 中可应用于解决这种复杂状况的著名正则化方法也有助于在模型中找到最相关特征。

正则化会使损失函数更加平滑，也表明特征对于生成输出的相对重要性，这一输出有助于提供模型可解释性。

> **声明：** 我们使用了多种方式来表达"特征重要性"一词(如"相关特征重要性")。该重要性表示某一特征对构建输出的影响程度，并没有定量定义,。例如，为预测你的健康程度，我们预计你喜欢的鞋的颜色不会对此产生影响(即特征重要性低)，而此时你的体重可能会成为重要特征。

众所周知，我们经常用损失函数的最小值来表示 ML 模型的受训练程度。例如，我们可将损失表示为模型期望值的方差平均值：

$$\text{Loss}(w) = \frac{1}{2N} \sum_{i=1}^{N} \left(y_i - h(x_i; w) \right)^2 \qquad \text{(式 3.1)}$$

将式 3.1 看作使用假设函数的输出误差和，而非示例中真值造成误差总和。假设函数对参数(权重值)的一个选择可以为模型做出独特定义。如果在参数空间中绘制模型损失值的图表，我们就会期待得到如图 3.3 所示的结果：

在参数中求得损失最小值等价于选择最佳模型，即满足设定的损失函数。

梯度下降(gradient descent, GD)是求得最小值的最常用方法。使用梯度下降时，我们只需在梯度的反方向上，以梯度比例递归地更新权重值，如

图 3.4 所示：

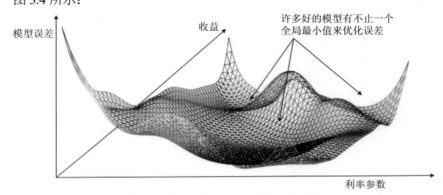

图 3.3 通用参数空间中的平滑损失函数

$$w_i = w_i - \eta \frac{\partial \text{Loss}}{\partial w_i} \qquad \text{(式 3.2)}$$

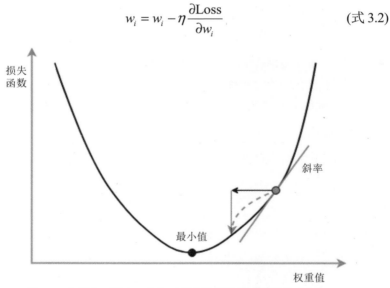

图 3.4 在梯度下降中，我们以梯度比例跳转到梯度的反方向

例如，若在参数空间中局部损失增多，那么我们会减少参数值。

在 ML 课程中，我们学到，GD 对损失函数场景的初始位置和粗糙度十分敏感。这些因素会影响训练过程的收敛性，比如，我们可能被诱导，并陷入一个局部最小值中。

技术上来讲，我们可以通过使用正则化(regularization)解决粗糙性问题，从而使部分损失函数变得平滑。因此，正则化使梯度下降方法的收敛变得更稳定，甚至加速了这一过程。

正则化的形式很多，特别是在神经网络领域，但 Tikhonov 正则化(即岭(ridge)或 L2 正则化)和 Lasso 或 L1 正则化最为常见。

$$\text{Loss}_{\text{rideg}}(w) = \frac{1}{2N}\sum_{i=1}^{N}\left(y_i - h(x_i; w)\right)^2 + \lambda\sum_{i=1}^{M}w_j^2 \qquad (\text{式 } 3.3)$$

$$\text{Loss}_{\text{lasso}}(w) = \frac{1}{2N}\sum_{i=1}^{N}\left(y_i - h(x_i; w)\right)^2 + \alpha\sum_{i=1}^{M}\left|w_j\right| \qquad (\text{式 } 3.4)$$

在标准损失函数的参数(或权重值绝对值之和)中添加一个正二次项，会使损失函数变得更加平滑，凸出更明显。并且，新的正项强制权重值保持为一个小的数值，这一特征对噪声的敏感度更低。在没有噪音和离群值的情况下，相较于 Lasso 正则化，岭正则化会给出更加准确的结果，且结果可微，但 Lasso 对离群值的弹性更大，因为它并不重视这些较大的偏差。

Lasso 回归的一个显著特质是，它会给小偏差更多的权重值。这有助于我们考虑特征的真正相关性，并将无关特征的权重值降至零。

例如，考虑在银行贷款模型中，将贷款人的星座作为特征加入。若使用 Tikhonov 正则化可以获得与星座相关的小权重值。而使用 Lasso 正则化，权重值则为零。

因此，Lasso 正则化会成为识别模型中最相关特征的工具之一。我们甚至可以根据特征重要性对特征进行排序。

现在我们是将概念应用于实际情境中，稍后将对概念进行详细讲解。

3.2 线性回归

我们从内在可解释模型中应用于预测葡萄酒质量的线性回归开始，质量规模(0 至 10)取决于一些具体特征。假设一个葡萄酒生产商对 ML 可以改善商业这一"奇迹"有所耳闻。虽然对数学一无所知，但他认定优秀的数据科学家(如各位读者)可以洞察葡萄酒的化学分析。

葡萄酒生产商希望利用分析结果来提高葡萄酒价格，或是重新定义产品在市场中的位置。

假设你是数据科学家，决定使用线性回归 ML 模型来预测化学分析以及葡萄酒质量，并希望提供结果的理解和解释，以回答诸如"葡萄酒的哪些特征对质量影响更大？"等问题。

但棘手的是，这类问题的答案是要提供给葡萄酒生产商的，所以只提供数字是不够的。XAI 必须给出"人类可以理解的"解释。

记住，线性回归属于内在可解释模型的范畴。这意味着，我们可以直接从模型权重值中获得理解。首先熟悉一下我们将要使用的 UCI ML 存储库(UCI 2009)中的葡萄酒质量数据，如表 3.1 所示。

```
Wines.head() #A

#The Wine-set as our dataset
```

我们将依赖于以下的 11 个特征来预测质量："非挥发性酸度""挥发性酸度""柠檬酸""残糖量""氯化物""游离二氧化硫""总二氧化硫""浓度""pH 值""硫酸盐"以及"酒精"。

首先观察特征统计的总体描述，有助于观察最大值和最小值的变化。

```
Wines.describe()
```

快速浏览输出表格(表格过大，在此不作展示)，可以显示最大、最小值及百分位数等众多特征比例。

如前所述，我们将使用线性回归来构建 ML 模型，并得到葡萄酒质量的预测。快速回顾一下线性回归在二维中出现的过程，如质量仅取决于一个特征的情况(如酸度)，如图 3.5 所示。

数据的最佳拟合直线公式为：

$$Y = m_0 + m_1 x_1 \qquad\qquad (式 3.5)$$

我们使用二维简化给出权重值 m_0 和 m_1 的直观解释:

- m_0 表示酸度 = 0($x|1= 0$)时的质量值。

- m_1 表示每增加单位酸度时的质量值增量(若值为负时, 酸度量减少)。

具有多个特征(本案例中为 11 个特征, 即 $k=1...11$)时, 需推广为:

$$Y = m_0 + m_1 x_1 + m_2 x_2 + \cdots + m_k x_k \tag{式 3.6}$$

我们可以在 Python 中编写代码, 为预测值构建线性回归模型。这里只会给出最重要的几行代码(书后二维码中提供完整可用的代码)。

表 3.1　葡萄酒数据框

	非挥发性酸度	挥发性酸度	柠檬酸	残糖量	氯化物	游离二氧化硫	总二氧化硫	浓度	pH 值	硫酸盐	酒精	质量
0	7.4	0.7	0	1.9	0.076	11	34	0.9978	3.51	0.56	9.4	5
1	7.8	0.88	0	2.6	0.098	25	67	0.9968	3.2	0.68	9.8	5
2	7.8	0.76	0.04	2.3	0.092	15	54	0.997	3.26	0.65	9.8	5
3	11.2	0.28	0.56	1.9	0.075	17	60	0.998	3.16	0.58	9.8	6
4	7.4	0.7	0	1.9	0.076	11	34	0.9978	3.51	0.56	9.4	5

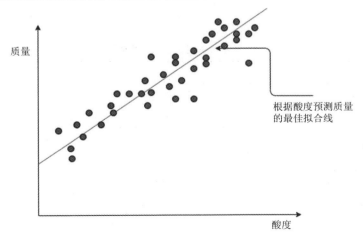

图 3.5　二维中的线性回归示例: 酸度及目标(质量)

该代码基于 Python 的 Scikit-learn 开源 ML 算法库,有 ML 方面基础的人都知道,且在日常生活中也使用该库。

获得葡萄酒数据线性回归的标准代码如下所示。

```
df = pd.read_csv('winequality-red.csv')
X=df.iloc[:,:-1].values
Y=df.iloc[:,-1].values
x_train,x_test,y_train,y_test=train_test_split(X,Y,random_
state=3) #A

regressor = LinearRegression()
regressor.fit(x_train, y_train) #B

coefficients=pd.DataFrame(regressor.coef_,col_names)
coefficients.columns=['Coefficient']

#A usual splitting of data between train and test
#B Fitting to produce the coefficients
```

上述几行代码给出了线性回归的系数,如表 3.2 所示。这些系数直接提供了在这一具体案例中我们所需要的解释。

```
print(coefficients.sort_values(by='Coefficient', ascending=False))
```

表 3.2 线性回归的分类系数

系数	
硫酸盐	0.823543
酒精	0.294189
非挥发性酸度	0.023246
残糖量	0.008099
游离二氧化硫	0.005519
总二氧化硫	−0.003546

(续表)

柠檬酸	−0.141105
pH 值	−0.406550
挥发性酸度	−0.991400
氯化物	−1.592219
浓度	−6.047890

可以看出，与质量呈负相关的特征系数数值为负，与质量呈正相关的特征系数值为正。对质量影响最大的三个负值为：浓度、氯化物以及挥发性酸度系数，而对质量影响最大的三个正值为：硫酸盐、酒精以及非挥发性酸度系数。因此，即使在不使用复杂的工具和人工手段的情况下，我们也能说明线性回归是如何给出质量预测的解释的。

作为数据科学家，只需要轻松地敲出几行代码，就可以向生产商提供反馈。他想知道提高葡萄酒质量的方法。可以直接看出，他应该从硫酸盐和酒精层面入手。但是这足以提高葡萄酒质量吗？若没有进一步的解释，他会相信我们的建议吗？可能不会。我们可以试着让他考虑线性回归和权重值，但仅依赖这些参数很难说服生产商相信提高质量的方法。

葡萄酒生产商不熟悉数学和函数，所以讨论使损失函数最小化的线性函数和相关系数并没有什么用处。我们需要借助一些人工手段来支撑所得结果，以提供有效解释。

还记得我们在先前章节中提到的相关性吗？为了向葡萄酒生产商提供更好的解释，相关性正是我们所需要的。

相关性用于衡量两个变量之间的线性关系，其范围从−1(完全负相关，一个变量的增加导致另一个变量的减少)到1(正相关，两个变量同时增加)。每个变量与自身的相关性都为1。

观察 11 个特征与输出的相关系数表格(表 3.3)，可得：

```
correlations = df.corr()['quality'].drop('quality')
correlations.iloc[ (-correlations.abs()).argsort()]
```

表 3.3　目标"质量"与模型特征间的相关性

与目标间的相关性	
酒精	0.476166
挥发性酸度	−0.390558
硫酸盐	0.251397
柠檬酸	0.226373
总二氧化硫	−0.185112
浓度	−0.174919
氯化物	−0.128907
非挥发性酸度	0.124052
pH 值	−0.057731
游离二氧化硫	−0.050554
残糖量	0.013732

观察表中数值,可得挥发性酸度和酒精与影响质量的特征相关性较高(挥发性酸度呈现负相关,酒精呈现正相关)。

我们曾讨论过相关性与因果性的区别,因此上述结论并不意味着酒精和挥发性酸度是质量的"主要成因"。例如,也许还存在一个同时控制酒精和挥发性酸度的第三未知特征。但在当前情境的线性模型局限下,挥发性酸度和酒精是最能"解释"质量变化的特征。

相关性的一大用处在于,它可以通过热力图(heatmap)将结果可视化。很显然,我们可以计算数据集中的任意两个变量的相关性。已知 11 个特征和 1 项输出(葡萄酒质量),因此,我们可以计算出 12×12=144 个相关性。但是由于对称性,其中的 $\dfrac{12(12-1)}{2}=66$ 个相关性是唯一的。

我们可以借助几行代码来生成热力图,如图 3.6 所示。

```
import seaborn as sns
  sns.heatmap(df.corr(), annot=True, linewidths=.5, ax=ax,
cmap="twilight")
```

```
plt.show()
```

可以通过观察图 3.6 来理解"热力图"这一名称。我们将其看作一个直观表，其中特征互为相关关系，相关系数对应右侧比例尺中的不同颜色。

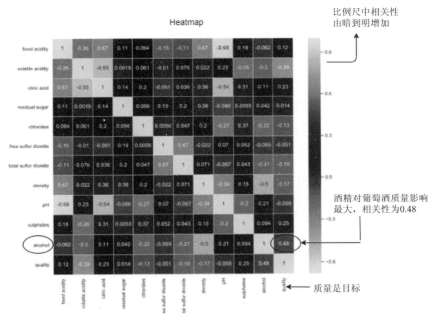

图 3.6　热力图展现不同特征间相关系数；重点在于与目标(质量)的相关性

正如所料，正方形的主对角线是白色的(最大相关)，因为对角线显示的是特征与其自身的相关性(为 1)。

除此之外，我们可以观察到前表中以数字表示的结果，就可以证实：酒精是提高质量的最重要特征。

在此强调，当前的朴素线性模型并不是最优解，因为我们忽略了三个理论问题。

从理论角度来讲，仅使用权重值会得到依赖尺度的模型。即，如果我们用增大十倍的物理单位来测量浓度，就会得到缩小十倍的权重值，因此我们不能直接比较两个权重值的相对强度，但可以使用空间相关性来进行比较。

标准化通常用于解决这一问题，例如，从特征中减去其平均值与尺度除以特征的标准差。标准化给出的特征的平均值为 0，方差为 1。

很容易得出，系数与目标间的相关性可以有另一种解释。在一维线性回归案例中，可以得到在 X 与 Y 之间回归系数 m_1 与相关性 ρ 的公式：

$$m_1 = \rho \frac{\sigma_Y}{\sigma_X} \qquad\qquad (式\ 3.7)$$

其中 σ_Y 和 σ_X 分别为 Y 和 X 的标准差。

因此，可将相关性看作标准化量 $\sigma_X = \sigma_Y = 1$ 这一特殊情况下的回归系数。

第二个重要问题在于特征间的相关性：特征间的高相关性会导致多重共线性(multicolinearity)问题。多重共线性会使解决方案的权重值误差极大，例如，权重值不确定或不稳定。假设有两个特征：x_1 与 $x_2 = 2 * x_1$，特征相关性为 1。特征的一般线性组合为 $w_1 x_1 + w_2 x_2 = x_1(w_1 + 2w_2)$。使用梯度下降可确定权重值 $w_3 = (w_1 + 2w_2)$，但不能确定 w_1 和 w_2 的相对影响。

为克服多元共性问题，我们通常使用主成分分析方法来排除高度相关的特征或"漂白"特征。这些技术常出现于文献中，因此不再赘述。

第三个问题是，尽管在没有多重共线性问题的情况下，权重值依旧不确定。标准方法是计算系数与其不确定性的比值。

具有一个特征的标准线性回归比例如下：

$$\frac{m}{\sigma_m} \sim \frac{m}{\left(\dfrac{\sigma_\varepsilon}{\sigma_X} \right)} \qquad\qquad (式\ 3.8)$$

其中 σ_ε 为回归的标准差，σ_X 为特征的标准差。若权重值 m 小于其不确定性 σ_m，我们甚至无法确定权重值的符号，因此不建议使用较低的比值。根据公式可以看出，特征的方差不会太小。

现在就能为生产商提供更好的解释了：我们可以开始展示线性回归的结果。如果生产商看不懂数字结果，可以借助直观热力图来支撑我们的解释：模型预测酒精与质量密切相关，改变酒精浓度可以提高质量。

我们现在准备总结已收集的解释，基于 ML 线性回归模型结果，回答有关葡萄酒质量预测和建议原因的问题。

观察下表 3.4 可知，为回答"葡萄酒的哪些特征对提高其质量最有效"这一问题，仅观察权重值并选择最大绝对值是远远不够的。

表 3.4　葡萄酒特征的权重及与质量的相关性

特征	权重	与质量的相关性
酒精	0.29	0.48
硫酸盐	0.82	0.25
浓度	−6.05	−0.17
氯化物	−1.59	−0.13

我们也需要观察权重与目标间的相关性，以及特征的方差。例如，浓度的权重值最大，但相关系数非常小。

我们已经得知，当目标和特征被标准化时，相关性就是线性回归的 m。因此浓度的权重值相对于所选择的尺度看起来很大，实则很小。

同时，式(3.5)提醒我们，权重值的不确定性可能比其自身还大。我们可以通过只限制更重要的特征来解决这一问题。

这个方法很简单，但很有效。在 Lasso 正则化中，我们在 l_1 范数中添加一个正项常数，使与不重要特征相关的权重值更接近零。

若逐渐增大 Lasso 常数，每个特征都会随之归零。最不重要的特征会首先消失，所以留存到最后的特征最为重要。在这种规则下，我们可以根据特征重要性构建更具鲁棒性的特征排序。

该过程只能在训练时实现。更多有用的技术是在事后完成的(使用内在或不可知方法)，例如，在模型训练之后。

将特征标准化为单位方差，并使用不同 α 训练 Lasso 模型，如表 3.5 所示。

```
x_train_scaled = preprocessing.StandardScaler().fit_transform
(x_train)
```

```
# scaling features

from sklearn import linear_model
regressor = linear_model.Lasso(alpha=0.045)
# selecting a Lasso regressor model

regressor.fit(x_train_scaled,y_train)
# training the Lasso regressor

coefficients=pd.DataFrame(regressor.coef_,col_names)
coefficients.columns=['Coefficient']
  print(coefficients.iloc[ (-coefficients.Coefficient.abs()).
argsort()])
```

表 3.5　用 Lasso 选择特征后的系数。特征已被标准化，选择 α 有六个非零权重值

lasso 回归系数	
酒精	0.292478
挥发性酸度	−0.170318
硫酸盐	0.079738
总二氧化硫	−0.036544
非挥发性酸度	0.020537
氯化物	−0.002670
柠檬酸	0.000000
残糖量	0.000000
游离二氧化硫	0.000000
浓度	−0.000000
pH 值	−0.000000

例如，α 的一个取值为 0.045，找到并展示出重要性排序靠前的六个特征，事实上，"浓度"是相关性较小的特征之一。

还记得我们在第 2 章中说明的解释的性质吗？通过观察表 3.6，来看看这些性质与真实案例的拟合情况吧。

表 3.6　解释的性质

性质	评价
完整性	不需要与内在可解释模型的可理解性进行权衡，即可达到完全完整
表达力	相关系数直接提供对线性回归权重值的解释
半透明性	高，可直接观察内部，提供理解
可移植性	低，解释只依赖于线性回归机制
算法复杂度	低，不需要复杂的方法来生成解释
可理解性	人们易于理解的水平，对葡萄酒生产商建立尽可能多的信任

3.3　逻辑回归

在先前章节中，我们使用线性回归来处理葡萄酒质量问题，并使用 XAI 获得解释。在本节中，我们将讨论分类场景，而不是预测场景。

假设某生物学者正使用 ML 分类系统来区分特定类型的花卉。此处重点不仅仅在于分类，而是要在给定具有一定准确性的分类的情况下，提供关于 ML 分配花类的标准的解释。出于此目的，我们将使用 ML 领域内著名的常青鸢尾花数据集，将重点从分类转移至解释。

首先，更好地说明我们的问题：已知包含鸢尾花的花卉数据集。我们将构建 ML 逻辑回归模型，根据花瓣长度、花瓣高度、萼片长度以及萼片高度这四个特征，将鸢尾花分类为 Virginica、Setosa、Versicolor 三个品种。但我们的重点不在于进行分类的 ML 模型，而是在逻辑回归案例中应该提供的解释。

假设 ML 模型可以妥善分类这些花，我们的目标是提供方法来回答模型如何进行分类这一问题：在将鸢尾花分为 Virginica、Setosa、Versicolor 三类的四个特征中，哪个特征最为重要？

从 XAI 角度来看，有必要首先回忆一下我们为什么选择逻辑回归模型进行分类，而没有选择更简单的线性回归。假设现在有且仅有一个特征(比如萼片长度)可以控制数据集中的花是否属于 Setosa 类别，并假设有下述情况，如图 3.7 所示。

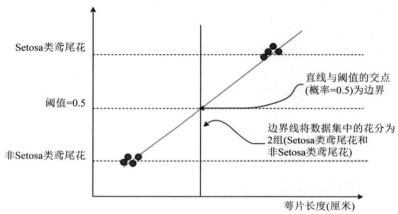

图 3.7   线性回归仅根据萼片长度对鸢尾花进行分类

我们将阈值设为 0.5，以得到鸢尾花是否属于 Setosa 类的概率。由图 3.7 可知，线性回归可以正确地对数据进行分类。假设你有一个附加的数据点，如图 3.8 所示：

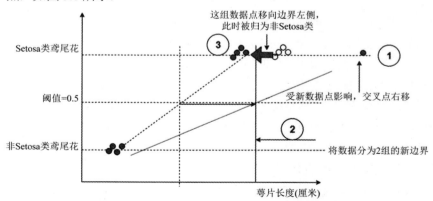

图 3.8   线性回归被右侧顶端的附加数据点打断。数字表示流程

附加点完全改变了用于预测的回归线。在这个新情境中，原来被归为 Setosa 类的花，现被错误地归为非 Setosa 类。一个点改变回归线的方法，显示出线性回归并不适合分类问题。这正是我们要使用前一章中提及的逻辑回归的原因。

在详细讲解花卉分类问题之前，我们需要回归理论层面，理解在 XAI 中，从线性回归转换为逻辑回归会引起什么改变。重要的是，我们将不能用提供可解释性的模型系数来直接理解。

我们回到线性回归公式(式 3.6)，用一组特征$(x_1 \ldots x_k)$对目标(Y)建模，对于逻辑回归，变换为：

$$P(Y = 1) - 1 / \left(1 + \left(\exp - \left(m_0 + m_1 x_1 + m_2 x_2 + \cdots + m_k x_k\right)\right)\right) \quad \text{(式 3.9)}$$

很显然，我们不能直接依赖$m_1 \ldots m_2$权重值来获得特征重要性，因为它们出现在指数函数的内部。提示：可以根据下述框中内容找出我们需要使用指数函数的原因，但熟悉 ML 基础的人通常都知道(图 3.9)。

回顾一下使用指数函数的必要性。基本上，我们遇到的问题，即一个附加数据点可能会通过线性回归打破原有分类，可以使用逻辑回归函数 $\sigma(t)=1/(1+(\exp-(t)))$ 解决。

使用线性回归代替 t 可以得到我们想要的结果：在 0 至 1 之间的概率设置边界，避免附加数据点改变回归线的问题。

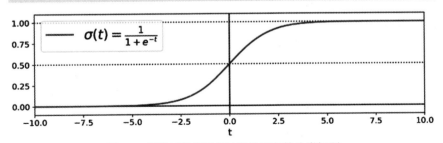

图 3.9　逻辑函数用于解决线性回归的分类问题

因此，就像我们在线性回归案例中所做的，我们应该如何理解$m_1 \ldots m_2$在特征相关重要性方面，来生成解释呢？

式 3.9 用于处理概率。在此特定情境中，我们希望为鲜花分类分配概率。首先微调式 3.9 以得到概率比(式 3.10)。Setosa 类鸢尾花的概率为 $P(Y=1)$，非 Setosa 类鸢尾花的概率为 $1-P(Y=1)$，我们可以将其理解为：花名相同但不属于该类的概率。

第一步是基于数学使用对数函数移除指数中的线性组合：

$$\log \frac{P(Y=1)}{1-P(Y=1)} = \log \frac{P(Y=1)}{P(Y=0)} = m_0 + m_1 x_1 + m_2 x_2 + \cdots + m_k x_k \quad \text{(式 3.10)}$$

可见，公式变为带有对数项的线性公式。

$\log \dfrac{P(Y=1)}{P(Y=0)}$ 项称为对数几率(log-odds)或分对数模型(logit)，其中几率为事件概率与非事件概率的比。

因此我们可以用另一种方法来表示一个特征的相关权重值与其他特征权重值之比：

$$\frac{\text{odds}(x_k+1)}{\text{odds}(x_k)} = \exp(m_k) \qquad \text{(式 3.11)}$$

我们省略了一些中间步骤，直接得到式 3.11，这些并非主要概念的基本步骤，也有可能隐藏结果。

然而，就线性回归来说，m_k 是特征 k 的直接权重值(相关重要性)；就逻辑回归来说，我们得到了相似但稍复杂的结果。在线性回归中，特征 k 一个单位的变化会导致目标随权重值 m_k 变化。而在逻辑回归中，同样的一个单位的变化使几率随乘积因子 $\exp(m_k)$ 变化，其他保持不变。听起来可能有些抽象，但我们在花卉分类案例中确实需要这些概念。

为预测接下来发生的事，并使我们的描述更加明确，首先假设 m_k(仅为示例)为花瓣长度。长度每增加一个单位会使鸢尾花属于 Setosa 类的概率提高一个因子 $\exp(m_k)$ 的值。但是，为达到这一点，我们需要借助包含真实数据集和数字的 Python 代码。在通用代码导入库并下载鸢尾花数据集 (UCI 1988)后，首先观察数据集(表 3.7)。

表 3.7　摘自鸢尾花数据集(UCI 1988)的数据样本

	编号	萼片长度 /厘米	萼片宽度 /厘米	花瓣长度 /厘米	花瓣宽度 /厘米	品种
0	1	5.1	3.5	1.4	0.2	Setosa
1	2	4.9	3	1.4	0.2	Setosa
2	3	4.7	3.2	1.3	0.2	Setosa
3	4	4.6	3.1	1.5	0.2	Setosa
4	5	5	3.6	1.4	0.2	Setosa

```
X = iris.data[:, :2] # we only take the first two features.
y = iris.target
df=pd.DataFrame(X, columns =
['Sepal_Length','Sepal_Width','Petal_Length','Petal_Width'])
df['species_id']=y
species_map={0:'Setosa',1:'Versicolor',2:'Virginica'}
df['species_names']=df['species_id'].map(species_map)
df.head()
```

目前为止并无特殊情况，仅使用了标准 Python 代码获取数据集。该样本显示了一些花的特征以及品种名称。下一步是在训练数据集上训练模型，而后像往常一样在测试数据集中进行分类。

```
# Split the data into a train and a test set
perm = np.random.permutation(len(X))
f= df.loc[perm]
x_train, x_test = X[perm][30:], X[perm][:30]
y_train, y_test = y[perm][30:], y[perm][:30]

# Train the model
from sklearn.linear_model import LogisticRegression
log_reg = LogisticRegression()
log_reg.fit(x_train,y_train)
```

然后测试模型性能：

```
# Test the model
predictions = log_reg.predict(x_test)
print(predictions)# printing predictions

print()# Printing new line

#Check precision, recall, f1-score
from sklearn.metrics import classification_report,accuracy_
score

print( classification_report(y_test, predictions) )
print( accuracy_score(y_test, predictions))
```

输出如表 3.8：

表 3.8 使用逻辑回归得出的鸢尾花分类得分

	准确率	召回率	F1 分数	支持度
Setosa 类鸢尾花	1.00	1.00	1.00	10
Versicolor 类鸢尾花	1.00	1.00	1.00	9
Virginica 类鸢尾花	1.00	1.00	1.00	11
平均值/总值	1.00	1.00	1.00	30
1.0				

['Versicolor' 'Setosa' 'Virginica' 'Versicolor' 'Versicolor' 'Setosa' 'Versicolor' 'Virginica' 'Versicolor' 'Versicolor' 'Virginica' 'Setosa' 'Setosa' 'Setosa' 'Setosa' 'Versicolor' 'Virginica' 'Versicolor' 'Versicolor' 'Virginica' 'Setosa' 'Virginica' 'Setosa' 'Virginica' 'Virginica' 'Virginica' 'Virginica' 'Setosa' 'Setosa']

准确率为比率 $tp / (tp + fp)$，其中 tp 为真阳性值的数量，fp 为假阳性值的数量。可将准确率看作分类器将数值准确分类的能力。

召回率为比率 tp / (tp + fn)，其中 fn 为假阳性值的数量。可将召回率看作分类器找到所有阳性值的能力。

F1 分数为召回率和准确率的调和平均值。

支持度为每个类别中 y_test 的样本数。

熟悉 ML 的人会非常清楚这些概念。这也就是重点所在，即如果不调用 XAI，ML 模型通常会停止于此。在此做出更清晰的描述：ML 模型可以很好地分类鸢尾花，但从这些指标看来，无法看出模型的良好分类归功于鸢尾花的哪一主要特征。那么，生物学者该如何展示结果？对分类来说，萼片长度和萼片宽度哪个更重要？花瓣长度和花瓣宽度哪个更重要？这些来源于 XAI 的基础且自然的问题，正是我们需要去解答的问题。

因此，我们回溯一步，在将数据分为三类之前，划分出 Setosa 类和非 Setosa 类鸢尾花，以获得纯二进制分类。

记得式 3.10 吗？我们用类似线性回归的方法来解释系数。

使用相同的公式，但在这一具体案例中我们有四个特征：萼片长度、萼片宽度、花瓣长度以及花瓣宽度，以 $m_1...m_4$ 表示。我们已经知道如何使用式 3.11 来得到每个系数对几率比率的影响，在此将展示 $m_0 + m_1 x_1 + m_2 x_2 + \cdots + m_k x_k$ 也可以被理解为分类的决策边界。

绘制花卉数据集的散点图以更好地理解这一点，如图 3.10 所示。

```
marker_map = ['o', 's', '^']
unique = np.unique(df['species_id'])

for marker, val in zip(marker_map, unique):
    toUse = (df['species_id'] == val)
    plt.scatter(X[toUse,0], X[toUse,1], marker=marker,
cmap="twilight", label=species_map[val], s=100)

plt.xlabel('Sepal Lenght cm')
plt.ylabel('Setal Width cm')
plt.legend()
plt.show()
```

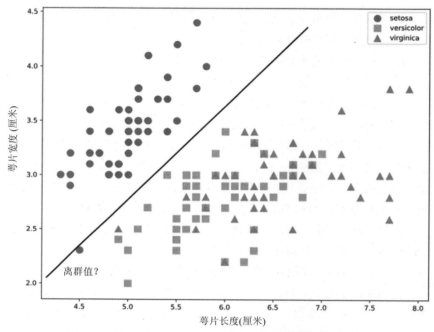

图 3.10　基于 Sepal_Length 和 Sepal_Width 特征的鸢尾花分类

  Setosa 是被标为圆圈的点，通过以萼片长度和萼片宽度为坐标轴的散点图将两组数据分开。

  将坐标轴换为萼片长度和花瓣宽度，看看会发生什么，如图 3.11 所示。

```
y = np.array(y)
  marker_map = ['o', 's', 's'] # here we use same symbol for
versicolor and virginica
unique = np.unique(y)
for marker, val in zip(marker_map, unique):
    toUse = (y == val)
    plt.scatter(X[toUse,0], X[toUse,1], marker=marker,
cmap="twilight", s=100)
plt.xlabel('Sepal Lenght cm')
plt.ylabel('Petal Width cm')
plt.show()
```

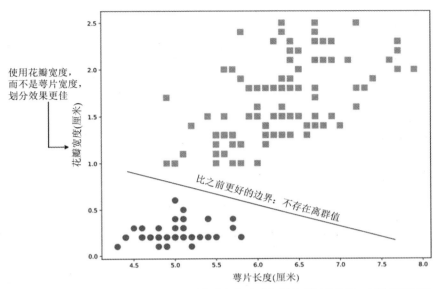

使用花瓣宽度，
而不是萼片宽度，
划分效果更佳

图 3.11 以萼片长度和花瓣宽度(而不是萼片宽度)为坐标轴的鸢尾花分类，划分效果更佳

对 Setosa 和非 Setosa 类鸢尾花数据实现了的划分效果更好(我们手动添加一条表示两组数据边界的线。)

在这个简单的二进制分类案例中，我们知道了如何确定哪组特征对鸢尾花分类更重要。将数据集绘制于特征(萼片长度及花瓣宽度)平面上，两组数据将被一条清晰的线性边界分离。但是，怎样才能得到线性边界公式，以获得定量答案呢?通过获取逻辑回归模型的系数，可以直接得到线性边界公式。

```
W, b = log_reg.coef_, log_reg.intercept_
W,b
```

```
Output: (array([[1.3983599 , 3.91315269]]),
array([-10.48150545]))
```

得到的数字代表线性边界的系数，这条线性边界划分 Setosa 类鸢尾花与非 Setosa 类鸢尾花，如图 3.12 所示:

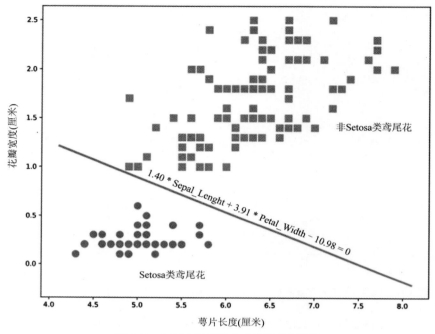

图 3.12　展示出边界线公式的鸢尾花分类

$$\log\frac{P(Y=\text{Setosa})}{P(Y=\text{non-Setosa})} = \log \text{odds}(Y=\text{Setosa}) = m_0 + m_1 x_1 + m_2 x_2 \quad (\text{式 3.12})$$
$$= m_0 + m_1(\text{Sepal Length}) + m_2(\text{Petal Width})$$

相同的系数为表示比值比的系数：

$$\text{odds}(x_k + 1) \, / \, \text{odds} = \exp(m_k)(4)$$

对于本例：

$$\frac{\text{odds}(x_1 + 1)}{\text{odds}(x_1)} = \exp(m_1)x_1 = \text{sepal length} \qquad (\text{式 3.13})$$

$$\frac{\text{odds}(x_2 + 1)}{\text{odds}(x_2)} = \exp(m_2)x_2 = \text{petal width} \qquad (\text{式 3.14})$$

式 3.13 和式 3.14 展示出，当萼片长度和花瓣宽度增长 1cm 时，归类于 Setosa 类鸢尾花和非 Setosa 类鸢尾花的概率会如何改变。根据散点图可知，萼片长度和花瓣长度是划分两组数据分离效果最佳的特征。当有三个分类，即 Setosa、Versicolor 和 Virginica 类鸢尾花时，参数会如何变化？事实上，不会发生很大改变。我们将采用相同步骤来检验，但会产生更多的参数及散点图。上述公式中的 W 和 b 会变为：

```
W, b = log_reg.coef_, log_reg.intercept_
W,b
(array([[ 0.3711229 , 1.409712 , -2.15210117, -0.95474179],
        [ 0.49400451, -1.58897112, 0.43717015, -1.11187838],
        [-1.55895271, -1.58893375, 2.39874554, 2.15556209]]),
array([ 0.2478905 , 0.86408083, -1.00411267]))
```

根据这三个类别，生成一个 4×3(4 个特征，3 个类别)的系数矩阵，三个类别分别对应一个截距。使用这些数字重复二进制分类的步骤，并得到几率比，以获得不同特征在类别解释中的相关权重值，如表 3.9 所示。

表 3.9 特征权重值

	Setosa 类鸢尾花	Versicolor 类鸢尾花	Virginica 类鸢尾花
萼片长度	1.44936119	1.61875962	0.21035554
萼片宽度	4.09477593	0.20667587	0.20414071
花瓣长度	0.11623966	1.55210045	11.00944064
花瓣宽度	0.38491152	0.33653155	8.63283183

所以，生物学者该如何分享他从 XAI 视角得到的结果？

要记住两件事，一是构建一个 ML 模型分类花卉，二是为该 ML 模型怎样实现分类做出解释，即哪些特征最能识别鸢尾花类型。

生物学者将首先解释二进制案例结果。在假设听者已经熟悉数学基础知识的前提下，可以根据特征，高度概述几率与鸢尾花是否属于 Setosa 类概率的相关方式。从 XAI 角度来看，学者可以采纳建议，进一步展示系数与将鲜花数据分为不同类型的线性边界之间的相关方式。

如图 3.10 所示，我们认为萼片长度和花瓣宽度是最能解决分类问题的特征。为进一步描述解释，学者还可以解释怎样在三个品种的完整数据集中获得表示特征权重值的几率比。

表 3.10 重复了对线性回归所做的解释性质评价。

表 3.10   解释的性质

性质	评价
完整性	不需要与内在可解释模型的可理解性进行权衡，即可达到完全完整性
表达力	小于线性回归案例的表达力。无法直接理解系数
半透明性	可以观察任意内在可解释模型内部结构。权重值用于提供解释，但不像线性回归案例中那样直接
可移植性	方法不可移植，仅针对逻辑回归
算法复杂度	低，但不如线性回归案例简单
可理解性	非技术人员也可理解

3.4 决策树

本节中我们将为保险公司解释风险模型。为达到实际效果，我们将研究海上保险公司的案例，使用决策树 ML 模型来预测存活概率。

如你所见，我们使用决策树的原因在于，它们对于分类表格数据来说更加合乎逻辑。我们下载泰坦尼克号灾难的简化数据集，并利用它训练和测试模型，该模型根据乘客的性别、年龄、客舱等级(pclass)提供有关乘客命运的信息。模型的目标是预测是否存活，并表示为是/否的选项。保险公司被要求提供解释和标准以提高存活率，我们会展示如何获得这些内容。

我们选择 ML 领域中的简单但著名的示例，为那些已经了解 ML 基础知识并想要更深一步理解概念的人们修改决策树。我们将从 XAI 的角度来关注各个方面。

在进入场景和 XAI 之前，我们需要回顾一些和决策树相关的概念。若你对决策树的相关概念很熟悉，可以跳过此处内容。

　　决策树有多种实现方式。简单起见，我们将参考 ML 算法 Scikit-learn 库中分类和回归树(CART)算法。CART 于 1984 年由 Breiman 提出，从某种意义上说是第一个"通用"算法，因为它可以同时完成分类和回归两种任务。

　　CART 按照一些逻辑构建二进制树，将初始数据划分为众多分支，以便数据更加适应目标标签。

　　决策树将特征空间划分为近似特征间可能相关的多个矩形。这类似于医生说："若体重超过 80 千克，会有患糖尿病的风险"，如图 3.13 所示。

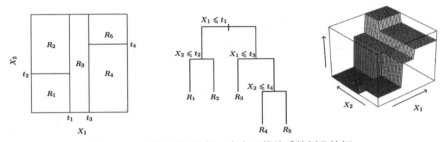

图 3.13　决策树空间近似于真实函数关系的划分特征

　　因此决策树在模仿人类推理。通过观察其清晰的决策过程，我们可以立即回答一些反事实问题，如"假使……会怎样"，并简单观察表达过程，通过相反的论点进行解释，如"若年长 5 岁，你的贷款便可接受"。

　　重新回到决策树背后的理论。

　　不纯度(impurity)是用于划分的主要指标。

　　对于像泰坦尼克数据集这样的分类任务，我们可以在文献中找到不同类型的不纯度：

- 基尼不纯度
- 香农熵
- 分类错误

　　我们称 p_i 为 i 类中出现次数占所有类型中出现次数的比例。类别比例取决于特征 X_i 的选择以及划分的预先设定阈值 t_i。二进制决策树的每个类别都是样本集，如 $X_i < t_i$ 或 $X_i > t_i$。

现在可以写出三种不纯度的公式：

基尼不纯度：$\text{Gini} = 1 - \sum_{i=1}^{C} (p_i)^2$

香农熵：$\text{Entropy} = \sum_{i=1}^{C} - p_i \log_2(p_i)$

分类错误：$\text{CE} = 1 - \max(p_i)$

其中 C 为类别数量。

众所周知，对于一个完美分类的项目来说，不纯度应为零。如前一章所述，节点按 50/50 划分时不纯度为 100%，所有节点数据属于同一类别时纯度为 100%。

因此，在选择用于训练决策树的不纯度类型后，我们求得合适的节点数量以及对应的特征 x_i 和划分阈值 t_i 对，简单地最小化每个节点的总不纯度。

选择如下损失函数 J，并在每个节点处求得合适的 x_i 和 t_i，对损失函数进行最小化处理。

$$J(i, t_i) = p_{1\,(x_i < t_i)} + p_{2(x_i > t_i)}$$

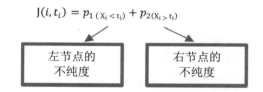

此处选择的损失函数不同于之前的损失函数。这是用于每个节点的局部训练损失函数，而不是全局损失函数。它定义了模型训练的步骤，而不是训练数据集的全部错误。

在此强调，寻找最佳决策树的一般问题在于计算成本太高，实际上是时间上的非多项式(非完全多项式，NP 完备问题)。因此，我们在实践中对划分采取自上而下的贪婪方法，以测试决策树每个节点的每个特征。

出于速度考虑，基尼不纯度为 Scikit-learn 算法库中 CART 算法的默认选项。如图 3.14 所示，若使用熵进行计算，结果也不会发生太大改变。

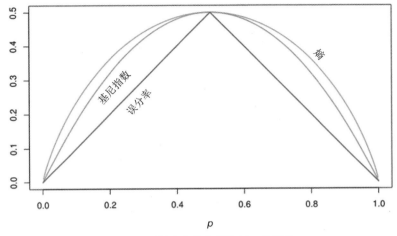

图 3.14　不纯度作为分类比例 p_i 的函数

我们已在回归案例中构建过回归树，不纯度为方差。训练回归树是为了找到每个节点处合适的 x_i 和 t_i 对，并对有关于训练样本的预测方差进行最小化处理。但当时我们没有进一步详细讲解。现在我们将简单讨论决策树相对于线性回归和逻辑回归的优缺点。

决策树可以自然地对特征中的非线性关系建模，而特征的线性回归不能自主实现。线性回归也不考虑特征间的相互关系，如，特征的具体数值是如何限制另一特征的可变性的。而决策树可以轻松做到这一点。同时，使用贪婪算法，仅需要在分类所有数据前测试属性，从而为树提供更快的计算速度。

在描述(或记忆)数据方面，决策树模型具有很强能力，而容量低的线性回归则能力较低。事实上，它们在训练数据时的回归误差为零。但这样的高能力会增加过拟合的风险。过拟合意味着模型太过强大，以至于它可以“记住”相似的数据和噪声，但不能预测一些独立测试样本的结果。决策树(如 ID3)的第一变体根据奥卡姆剃刀原理(Occam's razor principle)解决了这一问题：尝试创建最小可能决策树，它们从更高纯度增益开始选择划分。

但人们很快发现，一些早期节点的低纯度增益可能会在后期给出大量增益，因此使 DT 变得简单的规则会影响其自身的性能。更现代的方法是选择深度树(deep trees)，并在训练开始后对其进行修剪以简化树，在此过程中，不需要用于解释模型的总体准确性的树的内部节点。更简单的模型使离群值更具鲁棒性。

决策树给出了人类可以理解的预测规则，这些规则由训练数据以可直接解释的方式创建。

这种内在可理解性的局限在于树的深度。其实，同一特征可重复用于树的不同部分，且早期划分中，节点纯度的变化很小，但在后期影响会变大。因此，为解释决策树中的特征重要性，我们需要将特征每次出现时的变化相加，来跟踪每一个特征的总纯度变化。

记住这些概念，回到本节最初提出的情境：一家保险公司需要对预测海上事故存活率的 ML 模型提供解释。我们使用基于著名的泰坦尼克数据集的模型，并学习如何解释其预测。由于掌握了分类数据，因此我们选择使用决策树模型。使用 Scikit-learn 算法库训练模型以解释其预测，并将排序重要性作为特征重要性的度量来计算。

排序重要性方法具体内容如下所述：假设有一个训练过的模型，我们将特定列中的值打乱顺序，并使用乱序的数据集再次进行预测。由于顺序被打乱(数据集被黑客攻击！)，所以预测结果会更差。我们逐次对每一列进行乱序处理，观察哪些列对预测结果影响更大(性能劣化程度更高)。使得劣化程度最高的列就是最重要的特征。即，若对某一特征的值进行乱序处理后，模型变得更糟，则代表 ML 模型在完成其工作时高度依赖该模型，该特征也十分重要。

特征重要性并不是决策树独有的。这是一种不可知方法，它不知道模型内在工作原理。

在此强调，排序重要性方法之所以简单，是因为它是事后过程。在模型完成训练之后，我们检查一些测试数据集下模型的工作情况。我们可以仅使用 Eli5 中的一行节点来计算排序重要性。为了简单起见，我们曾在本书早期阶段介绍了一项事后技术，并将其结果与其他曾提过的方法进行比较。

现在可将代码应用于我们的情境,像往常一样,从观察数据集(Waskom 2014)开始,如表 3.11 所示。

```
#Load the data from Seaborn library
titanic = sns.load_dataset('titanic')

#Print the first 10 rows of data
titanic.head(10)
```

表 3.11　泰坦尼克号数据集

	幸存的	乘客等级	性别	年龄
0	0	3	male	22.0
1	1	1	female	38.0
2	1	3	female	26.0
3	1	1	female	35.0
4	0	3	male	35.0
5	0	3	male	NaN
6	0	1	male	54.0
7	0	3	male	2.0
8	1	3	female	27.0
9	1	2	female	14.0

我们选择将分类数据转换为虚拟数字数据:

```
from sklearn.preprocessing import LabelEncoder
labelencoder = LabelEncoder()
##Encode sex column
titanic.iloc[:,2]= labelencoder.fit_transform(titanic.
iloc[:,2].values)
```

并划分特征列和目标列:

```
#Split the data into independent 'X' and dependent 'Y'
variables
```

```
X_train = titanic.iloc[:, 1:4].values
Y_train = titanic.iloc[:, 0].values
```

训练模型:

```
from sklearn.tree import DecisionTreeClassifier
tree = DecisionTreeClassifier(max_depth=3)
tree.fit(X_train, Y_train)

#output of training
DecisionTreeClassifier(class_weight=None, criterion='gini',
max_depth=3,
        max_features=None, max_leaf_nodes=None,
        min_impurity_decrease=0.0, min_impurity_split=None,
        min_samples_leaf=1, min_samples_split=2,
        min_weight_fraction_leaf=0.0, presort=False,
        random_state=None, splitter='best')
```

并使用少许图方法以及相应的学习树:

```
from IPython.display import Image
from sklearn.externals.six import StringIO
from sklearn.tree import export_graphviz
import pydot

dot_data = StringIO()
export_graphviz(tree, out_file=dot_data,feature_names=features
,filled=True,rounded=True)

graph = pydot.graph_from_dot_data(dot_data.getvalue())
Image(graph[0].create_png())
```

现在我们可以全面揭示模型的每个预测背后的比率,如图 3.15 所示,这正是我们对内在可解释模型的要求。但哪些特征更加相关?对于 XAI,这是基本问题。我们不仅需要做出预测,还需要提供解释。

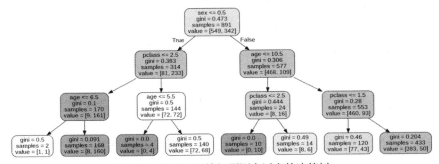

图 3.15　基于不同特征预测存活率的决策树

我们有两种方法来评估 DT 中的特征重要性。其一是根据基尼指数最相关的下降程度将特征排序，但我们已经说过，这种方法既不具有鲁棒性，也不具有惯序性，因此(出于以上原因)我们仅计算此案例中的排序重要性即可。

目前为止，我们跳过了对 Scikit-learn 算法库的安装及使用的详细讲解，但要注意，Scikit-learn 算法库可以为 ELI5 包提供相关性。ELI5 为 "explain it like 5(岁)" 的简写，是成熟的可解释性算法库。同任何常见 ML Python 软件包一样，导入 ELI5 即可访问其特征。

```
import eli5 #A
eli5.show_weights() #B

#A import eli5 package
#B Use show_weights() API to display classifier weigths
```

在上述代码中导入 ELI5，调用 API 之一显示其语法。现可使用 ELI5 中的一行代码计算排序重要性。

```
import eli5
from eli5.sklearn import PermutationImportance
perm = PermutationImportance(tree, random_state=1).fit(X_
train, Y_train)
eli5.show_weights(perm)
```

Weight	Feature
0.1481±0.0167	Sex
0.1003±0.0152	Age
0.0301±0.0105	Pclass

因此性别和年龄比客舱等级更重要。

通过观察决策树图，我们发现每个节点(矩形)包含生存和遇难乘客。值(value)列包含存活和遇难乘客的数量。因此，第一个矩形(891 人)的大多数(549 人)没有在事故中存活。第一次划分将女性置于左侧，男性置于右侧。

在两个子数据集中，女性子数据集中存活人数更多。第二次划分是按照年龄划分，我们观察到右侧男性子数据集(按年龄划分)中男性儿童存活率更高。

我们可以做出贪婪总结，即我们首先使用的特征相关性更高，但这一结论通常是无效的。排序重要性使我们确信，这正是此例中的情况。

我们将以总结纯决策树的一些缺点来结束本节的讲解。

特征空间中的区域通常为矩形(一次仅用一个特征)，从一个区域转到另一个区域的过渡并不平滑。事实上，决策树甚至很难描述特征间的线性关系。MARS 是 DT 的一种变体形式，它试图在特征间添加平滑性和内在非线性及非线性关系，以保持内在可解释性。

性质可见表 3.12。

表 3.12　解释性质

性质	评价
完整性	不需要与内在可解释模型的可理解性进行权衡，即可达到完全完整
表达力	高表达力。事实上，DT 在一定程度上模仿人类推理
半透明性	具备内在可解释性，易于猜测结果
可移植性	事实上，许多模型都源自决策树，如随机森林和提升树，因此 DT 结果可纳入这些模型中
算法复杂度	决策树为 NP 完备多项式，但我们采用启发式方法进行快速评估
可理解性	对人们来说易于理解

3.5 *K* 最近邻算法(KNN)

现在，我们使用 KNN 完成葡萄酒质量预测任务，KNN 算法也是一种有用的内在可解释性方法。

KNN 由美国空军航空医学院的 Fix 和 Hodges 于 1951 年在一份未发表的报告中提出，它是所有人工智能中较为成熟的 ML 模型之一。当我们想要知道哪些特征对提高质量最重要，KNN 会对解释提供更深入的见解。

我们可以使用反事实示例给出直观的解释(如"葡萄酒酸性增加，会发生什么")，甚至可以稍加修饰，通过对比的示例，来轻松解释 KNN。通过对比解释，我们可以创建基于缺失的异常情况的描述。

我们可以观察一下相似特征的分类结果。对于每个分类不同的近邻样本，我们在其相应的特征中寻找异常情况。

KNN 的核心思想在于训练模型通过仅记忆所有样本，并由平均值或多数表决过程来做出预测。多数表决过程包括一些(实际上，其中 k 个)记忆样本的结果，这些示例的特征与我们想要预测项目的特征最为相似。

在泰坦尼克号数据集示例中，若具有相似特征(相同年龄、等级、性别)的 7 位乘客中至少 4 位存活，则可以预测一名乘客存活。

技术上讲，KNN 与其他学习算法在训练复杂性和推理复杂性上均有不同。KNN 的训练复杂性仅为 O(1)，而由于 KNN 需要根据邻近度连续对样本进行分类，相比于其他算法会慢许多，因此若不使用启发式推理，KNN 的复杂性则为 $O(N^2)$。

现在我们回到提高葡萄酒质量的问题，以及其答案背后的原理。出于直观性考虑，我们选择一个较大的 k 值来减少影响数据的噪声，在训练集或测试集中划分数据后，只对模型使用两个特征。

```
dataset = pd.read_csv('wine_data.csv')
X = dataset.iloc[:, 1:13].values
y = dataset.iloc[:, 0].values

# Splitting the dataset into the Training set and Test set
```

```
from sklearn.model_selection import train_test_split
X_train, X_test, y_train, y_test = train_test_split(X, y,
test_size = 0.10)

# Fitting KNN to the Training set
from sklearn.neighbors import KNeighborsClassifier

classifier=KNeighborsClassifier(n_neighbors=15, metric=
"euclidean")
trained_model=classifier.fit(X_train[:,0:2],y_train)
```

我们使用 mesh 网格来绘制边界。对于网格中的每个节点，模型预测相应的类：

```
X=X_train
h=0.05
x_min, x_max = X[:, 0].min() - 1, X[:, 0].max() + 1
y_min, y_max = X[:, 1].min() - 1, X[:, 1].max() + 1
xx, yy = np.meshgrid(np.arange(x_min, x_max, h),
                     np.arange(y_min, y_max, h))
Z = trained_model.predict(np.c_[xx.ravel(), yy.ravel()])
kk=np.c_[xx.ravel(), yy.ravel()]

# Put the result into a color plot
Z = Z.reshape(xx.shape)
plt.figure(figsize=(14, 8))
plt.pcolormesh(xx, yy, Z)
plt.scatter(X[:, 0], X[:, 1], c=y_train)
plt.title("Wine KNN classification (k = 15)")
plt.show()
```

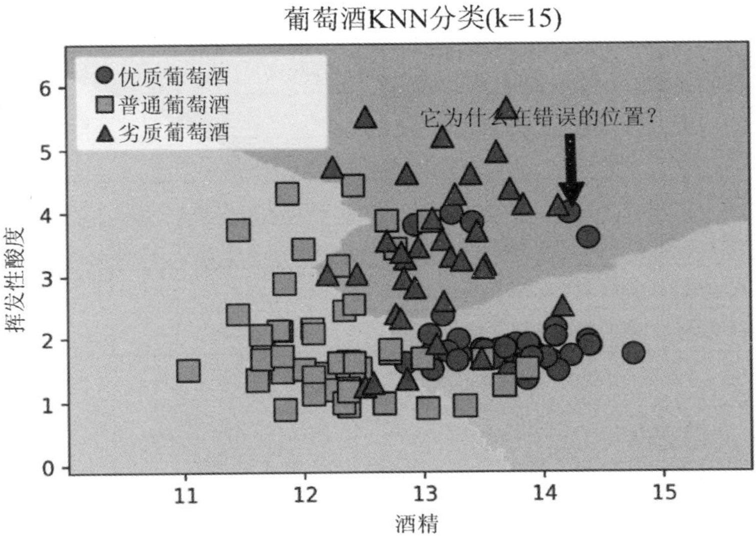

图 3.16　使用 KNN 进行葡萄酒质量分类

圆形对应优质葡萄酒，三角形对应劣质葡萄酒(图 3.16)。x 轴表示酒精含量，y 轴表示挥发性酸度。

通过图表可以直观地得知训练集中的哪些示例具有与想要预测质量的新葡萄酒相似的组成部分。

甚至可以在图中观察到哪些葡萄酒是"异常"的，它们是其他质量等级的葡萄酒，遵循不同等级的规律。

因此，你可以给出反事实解释，理想地改变葡萄酒在图中的位置。例如，"若降低酸度，会移动到更优质葡萄酒的区域。"

也可以针对蓝色"劣质葡萄酒"区域内蓝色点的规则结构，给出对比解释。例如，"便宜的葡萄酒的挥发性酸度往往大于 2。"

本节以通用性质结束，如表 3.13 所示。

表 3.13　解释的性质

性质	评价
完整性	不需要与内在可解释模型的可理解性进行权衡，即可达到完全完整
表达力	高表达力。事实上，DT 在一定程度上模仿人类推理
半透明性	具备内在可解释性，易于猜测结果
可移植性	KNN 本身有独特的类，不可移植
算法复杂度	训练简单，推理步骤复杂
可理解性	对人们来说易于理解

3.6　小结

我们已经学习了理解内在可解释性模型的方法，以及如何生成"人类可理解的"解释：

- 对 XAI 使用 l_1 正则化，以获得特征重要性。
- 生成线性回归模型的解释：

　　—使用权重值对特征重要性进行排序。

　　—解释相关系数，以生成人类可理解的解释。

- 生成逻辑回归模型的解释：

　　—使用对数几率提供解释。

　　—将逻辑回归系数与决策边界匹配，以丰富结果的解释。

- 解释决策树模型：

　　—提取决策树规则以进行解释。

　　—使用排序重要性技术提供特征重要性。

　　—降低决策树模型的局限性。

- 使用 KNN 模型提供反事实解释。

在第 4 章中，我们将开始学习 XAI 的模型不可知方法。主要区别在于我们无法对内在可解释性模型进行"简单"解释，但我们会学习如何通过强大的方法(以不可知论方式应用于不同 ML 模型)来获得解释。

参考文献

UCI. (1988). *Iris data set.* 可在 http://archive.ics.edu/ml/datasets/Iris/上观看。

UCI. (2009). *Wine quality data set.* 可在 https://archive.ics.uci.edu/ml/datasets/wine+quality 上观看。

Waskom, M. (2014). *Seaborn dataset.* 可在 https://github.com/mwaskom/seaborn-data/ blob/master/titanic.csv 上观看。

第4章
XAI 的模型不可知方法

> "你为什么想要知道？"
>
> "因为学习不仅是了解那些我们必须做或可以做的事，还需要能做到以及不应该做的事。"
>
> ——Umberto Eco，《玫瑰之名》

本章内容

- 排序重要性
- 部分依赖图
- Shapley 加法解释(Shapley Additive exPlanations, SHAP)
- Shapley 值理论

在本章，我们将开启 XAI 的模型不可知方法的学习之旅，可有效用于在不依赖"不透明"ML 模型的情况下，生成可解释性的有效技术。

模型不可知论方法的主要优势在于，它可以应用于包括内在可解释性模型在内的任何 ML 模型。在这些方法中，ML 模型被看作一个黑盒，模型不可知方法在不了解 ML 模型内部结构的情况下，提供可解释性。最后，我们要弄清楚：在第 3 章，我们使用排序重要性在泰坦尼克号决策树上生成可解释性。

在该案例中，我们依赖于决策树的"内在可解释性"，但也观察到排序重要性如何生成增强的可理解性。现在，我们将排序重要性应用于不可能生成内在解释的案例。

根据图 4.1，我们将纵览不可知方法，并区分每种方法所提供解释的局部及全局范围。

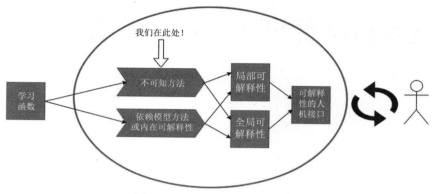

图 4.1   XAI 流程图：不可知方法

我们将通过两个主要真实案例来解释这些方法的机制。首先是基于我们曾提到的 XAI Kaggle 学习部分的情境(Becker 2020)：它用于处理体育赛事博彩业务公司 ML 部门的相关工作。

你将学习如何使用 XAI 不可知方法来回答该情境下"是什么"和"如何做"问题。排序重要性可以识别出最重要的特征是什么，而部分依赖图会提供特征如何影响预测的细节。此外，还可以使用 SHAP 生成特定案例的可解释性，而不仅仅是全局可解释性。

了解如何运用这些方法后，我们将给出 SHAP 的理论基础，并将其应用于出租车公司为乘客解释实时支付费用(使用 Boosted 树 ML 模型进行预测)的案例。

我们将在出租车情境中对比 SHAP 与 LIME，并观察 SHAP 与 Boosted 树共同运作的效果。同时，你也将了解 SHAP 的局限以及应对局限的方法。

4.1   全局可解释性：排序重要性与部分依赖图

假设我们现处于体育赛事博彩公司的 ML 部门。在此情境中，我们依赖于复杂的 ML 模型，该模型将团队统计数据作为输入，对团队能否获得

"最佳球员奖"的预测作为输出(Becker 2020)。预测将实时传送至博彩公司。利益相关者十分关心 ML 模型的工作方式，以及做出是否获得"最佳球员奖"预测的最重要标准。身为 XAI 专业人员，我们首先需要回答：对模型来说，最重要的特征是什么？

4.1.1 根据排序重要性将特征排序

使用排序重要性方法，尝试回答这一特定问题。回想在第 3 章中所解释的：假设用一个"不透明性"训练模型来解释并推断该模型用于预测的特征的相关重要性。

我们要做的是对特征列中的值进行乱序处理，并根据乱序值再次进行预测。

期望是，与预测相关的误差会增加，且误差的增量取决于乱序的特征的重要性，即特征越重要，乱序导致的预测效果越差。

假设模型不依赖某个特征即可做出预测，则对该特征的值进行乱序处理也不会影响其性能。

以下为该情境下的第一段代码片段：

```python
import numpy as np
import pandas as pd
from sklearn.model_selection import train_test_split
from sklearn.ensemble import RandomForestClassifier

data = pd.read_csv('../input/fifa-2018-match-statistics/
  FIFA 2018Statistics.csv')
y = (data['Player of the Match'] == "Yes") # Convert from string
  "Yes"/"No" to binary
feature_names = [i for i in data.columns if data[i].dtype in
  [np.int64]]
X = data[feature_names]
  train_X, val_X, train_y, val_y = train_test_split(X, y,
  random_state=1)
my_model = RandomForestClassifier(n_estimators=100,
                  random_state=0).fit(train_X, train_y)
```

在导入文件并清洗数据后，使用 FIFA 提供的统计数据。在构建模型前(本案例中为随机森林)，我们只需对训练数据和测试数据进行 ML 划分即可(Becker 2020)。

观察数据以了解情况。表 4.1 摘自原始 CSV 文件。

表 4.1 2018 年度 FIFA 比赛，目标特征为"最佳球员"列

日期	队伍	对手	进球数	控球率%	射门	门内球	门外球	最佳球员
14-06-2018	俄罗斯	沙特阿拉伯	5	40	13	7	3	是
14-06-2018	沙特阿拉伯	俄罗斯	0	60	6	0	3	否
15-06-2018	埃及	乌拉圭	0	43	8	3	3	否
15-06-2018	乌拉圭	埃及	1	57	14	4	6	是
15-06-2018	摩洛哥	伊朗	0	64	13	3	6	否
15-06-2018	伊朗	摩洛哥	1	36	8	2	5	是

如你所见，表中包含队伍、日期等许多特征。目标特征"最佳球员"(是/否)，即与"对手"的比赛中，该队伍是否获得最佳球员奖。

操作数据建立随机森林模型后，数据如表 4.2 所示：

表 4.2 构建 ML 模型所用第一次数据操作后的统计数据

	进球数	控球率 %	射门	门内球	门外球	拦网	角球	越位	任意球
0	5	40	13	7	3	3	6	3	11
1	0	60	6	0	3	3	2	1	25
2	0	43	8	3	3	2	0	1	7
3	1	57	14	4	6	4	5	1	13
4	0	64	13	3	6	4	5	0	14
5	1	36	8	2	5	1	2	0	22

```
X.head()
```

还需注意，我们只保留数字数据，因此将最佳球员(是/否)转换为数字
1 或 0；"进球数"左侧的第一列为比赛 id 编号。

我们使用随机森林预测"最佳球员"，但是不重点关注随机森林的
ML 细节。我们关注的点在于，如何围绕 ML 模型提供的预测生成可解释
性。随机森林构建为巨大的决策树集合，每个决策树都会影响最终预测，
即得票最多的决策树将成为最终预测结果，这就是群体的智慧。随机森林
的效果比决策树要好，但代价是失去了单个决策树的内在可解释性。我们
将使用排序重要性方法回答"模型中最重要的特征是什么？"这一问题。
排序重要性方法中的同一流程可以应用于任何除随机森林以外的不透明
模型。

```
import eli5 #A
from eli5.sklearn import PermutationImportance
perm = PermutationImportance(my_model,
  random_state=1).fit(val_X, val_y) #B

eli5.show_weights(perm, feature_names =
  val_X.columns.tolist())#C
```

#A 导入 **eli5** 库
#B 在验证集上训练排序重要性模型
#C 显示特征重要性

几行代码足以用排序重要性生成解释，如图 4.2 所示：

下面解释一下输出结果。依照特征的相关重要性排序，因此最重要的
结果是，我们可以直接回答"模型中最重要的特征是什么？"这一问题：
进球数是随机森林 ML 模型用来预测该队伍是否能获得最佳球员奖的最重
要特征。

对一个特征的所有数值进行乱序处理，并观察模型性能的变化，以此
来计算重要性。重要性即为损失函数值与乱序处理后损失函数值的差值。

重复进行乱序处理，最终获得相关误差的统计结果。

Out[14]:	权值	特征
	0.1750 ± 0.0848	进球数
	0.0500 ± 0.0637	跑动距离(Kms)
	0.0437 ± 0.0637	黄牌
	0.0187 ± 0.0500	门外球
	0.0187 ± 0.0637	任意球
	0.0187 ± 0.0637	犯规
	0.0125 ± 0.0637	传球精准度
	0.0125 ± 0.0306	拦网
	0.0063 ± 0.0612	救险球
	0.0063 ± 0.0250	控球率 %
	0 ± 0.0000	红牌
	0 ± 0.0000	红黄牌
	0.0000 ± 0.0559	门内球
	-0.0063 ± 0.0729	越位
	-0.0063 ± 0.0919	角球
	-0.0063 ± 0.0250	PSO得分
	-0.0187 ± 0.0306	射门
	-0.0500 ± 0.0637	传球

图 4.2　排序重要性输出。每个权值都具有不确定性(Becker 2020)

要注意这个过程背后的巧思。若将一组变量值进行乱序处理，平均值、方差等统计属性会留存，但是我们摧毁了进球间的因果依赖。

此处数值为损失函数的变化值。它们显示的是损失函数的增量，因此仅能以此做出排序。但它们无法显示相对重要性变化，比如"进球数"特征重要性不是"跑动距离"特征重要性的三倍，而是意味着，相比"跑动距离"，"进球数"使损失函数的变化增加了三倍，这不同于对模型答案有三倍的影响。

在 ML 课程中，我们学习了移除重要性较低的特征(低于必须猜测的特定值)可以提高模型性能，这是因为我们经常移除不相关特征。

但我们必须多加留意含有两个或以上相关特征的案例。思考一下这个案例，若两个特征与思想实验高度相关，则认为两个特征是彼此的副本。模型可以随意使用其中任一特征。因此，当对二者之一进行乱序处理时，另一特征会为模型留存一些性能，以至于乱序处理后的特征的重要性会被低估。排序重要性方法会低估高度相关的特征。

4.1.2　训练集中的排序重要性

图 4.2 中，输出的排序结果的底部是一些负值。存在负值看起来可能很奇怪，但它仅表示不具备这些特征的模型精度更高。事实上，存在负值在模型训练过程中很正常，只需要排除这些特征，重新训练模型，从而提高整体性能。

你可能会认为，在数据集中训练的模型不应该使用这些不好的特征。事实上，这对于训练集而言十分正确，但在给模型提出新任务的验证集/测试集上并非如此。在模型泛化能力差的情况下会出现负值，因此，更详细来说，出现负值是一种过拟合的形式。

为重复检查这一假设，我们将排序重要性应用于训练集，并期望不会得到负值。我们将通过练习来确认该假设。

```
import eli5
from eli5.sklearn import PermutationImportance
  perm = PermutationImportance(my_model, random_state=1).
fit(train_X,train_y) #A
eli5.show_weights(perm, feature_names = val_X.columns.tolist())
```

#A 在 train.set 上训练排序重要性模型

本段代码与前文代码基本相同，仅将其中的测试集改为训练集。输出结果如图 4.3 所示。

该结果证实了我们的观点：现在训练集中的权重值不存在负值，且"进球数"是影响输出的最重要特征。

这就证实了我们关于过拟合的猜测，排序中剩余部分的改变也证实了这一点。"射门"的权重值在训练集中位居第二，然而在测试集中位于排序底部(在红色区域内)。这进一步证明了 ML 模型使用了大量不重要的特征导致结果过拟合。作为通用建议，特征重要性方法应经常应用于测试集。该练习仅用于处理负值和检查过拟合。

Out[8]:

权值	特征
0.1375 ± 0.0243	进球数
0.0187 ± 0.0156	射门
0.0104 ± 0.0132	任意球
0.0104 ± 0.0000	拦网
0.0083 ± 0.0083	跑动距离(Kms)
0.0062 ± 0.0102	传球精准度%
0.0062 ± 0.0102	门内球
0.0042 ± 0.0102	控球率 %
0.0021 ± 0.0083	犯规
0.0021 ± 0.0083	传球
0.0021 ± 0.0083	角球
0 ± 0.0000	黄牌
0 ± 0.0000	救险球
0 ± 0.0000	红牌
0 ± 0.0000	越位
0 ± 0.0000	门外球
0 ± 0.0000	红黄牌
0 ± 0.0000	PSO得分

图 4.3　训练集中的排序重要性输出，无异常负值

4.1.3　部分依赖图

这种 XAI 方法的优势主要在于简单而直接地回答有关最重要特征的问题。输出表格简洁明了，可直接发送给利益相关者。我们会对"进球数如何改变预测"这一问题感兴趣，或是需要回答这一问题。但是 XAI 方法无法回答"如何做"这样的问题。是否存在可以增加获得最佳球员奖概率的进球数阈值？排序重要性不能回答该问题，稍后我们将学习如何进一步解决该问题。

可以引入部分依赖图(Partial Dependence Plot，PDP)方法来解决"如何做"问题，而非"是什么"问题。

PDP 描绘了输入特征与目标间关系的函数形式，如你所见，它也可以扩展到多个输入特征的情况。PDP 用于已拟合的模型，我们将观察进球数(根据排序重要性得出的最重要特征)的改变"如何"影响预测。PDP 方法实际上是评估特性在多个行中改变的效果，以获得平均行为并提供相关函数关系。还需注意，平均过程隐藏了一个微妙之处，即不同的行函数关系可能会增加或减少，并且这也不会在仅显示"平均"行为的最终结果中出

现。在最简单的案例中，暂不考虑特征间的交互，不过我们稍后会学习二维 PDP 案例。

通过真实代码来理解以上叙述：

根据之前的分析可知，我们认为进球数的 PDP 是最重要的特征。

```
from pdpbox import pdp, get_dataset, info_plots #A


feature_to_plot = 'Goal Scored' #B
  pdp_dist = pdp.pdp_isolate(model=my_model, dataset=val_X,
model_features=feature_names, feature=feature_to_plot)

pdp.pdp_plot(pdp_dist, feature_to_plot)
plt.show()
```

#A 从 **pdpbox** 库中导入
#B 选择 "**Goal Scored**" 特征

在这几行代码中，我们仅选择想要分析的特征(进球数)，将信息传递至 PDP 库，来完成这项工作，结果如图 4.4 所示。

PDP 库提供了一个极佳的图表，其中 x 轴表示进球数，y 轴表示基准值设置为 0 时预测的估计变化。阴影部分表示置信水平。

我们观察到一个有趣的结果：我们已经根据排序重要性得出进球数是最重要的特征，在进球数为 1 处的预测呈明显正增长，而其后又趋于平缓，获得大量进球数并没有改变获得 "最佳球员" 奖的整体预测。

使用另一个特征重复练习，该特征列于排序重要性排名第二，即 "跑动距离(km)"，如图 4.5 所示。

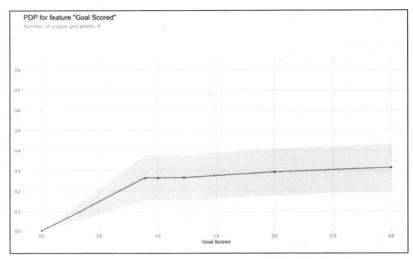

图 4.4　部分依赖图显示"进球数"如何影响预测结果(Becker　2020)

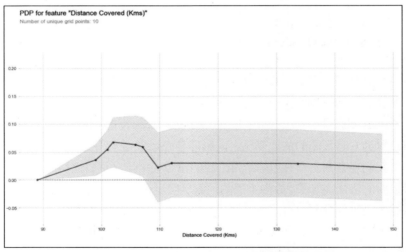

图 4.5　部分依赖图显示"跑动距离"如何影响预测结果

```
feature_to_plot = 'Distance Covered (kms)' #A


pdp_dist = pdp.pdp_isolate(model=my_model, dataset=val_X,
```

```
model_features=feature_names, feature=feature_to_plot)
```

```
pdp.pdp_plot(pdp_dist, feature_to_plot)
plt.show()
```

#A 选择 "`Distance Covered (kms)`" 特征

注意，现在 y 轴标度在 0 到 0.20 之间，最大值约为 0.08，而 "进球数" 的最大值在 0.27 左右。这就表明 "进球数" 是随机森林模型的最重要特征。

此处我们还发现一个有趣的情境: 跑动距离的增加对获得 "最佳球员" 奖起到积极作用，但若球队的跑动距离超过 100 千米，这个趋势就会朝相反方向发展——跑动过多会降低获得奖项的概率，而这在仅用排序重要性分析中却不明显。

需要记住，此处我们只得到一个特征对进球的平均影响，还无法观察数值是如何影响每个预测结果的。平均而言，进球会使预测结果轻微增加，我们可能有这样两种案例(比赛)，其一进球数量使整体概率明显增加，其二趋势相反；总体结果就是我们所见的平均值。原因在于，我们没有考虑其他特征的影响和交互，仅仅单独考虑一个特征。现在我们要应用 PDP 库的另一个特征，它支持同时观察两个特征的效果，以缩小交互的范围。

以下几行代码可以达到预期效果，如图 4.6 所示:

```
features_to_plot = ['Goal Scored', 'Distance Covered (Kms)']
  inter1 = pdp.pdp_interact(model=my_model, dataset=val_X,
  model_features=feature_names, features=features_to_plot) #A
```

```
pdp.pdp_interact_plot(pdp_interact_out=inter1,
  feature_names=features_to_plot)
  plt.show()
```

#A 特征的 PDP 交互

与先前两个每次只考虑一个特征的图表相比，此图表中出现了新的行为。在进球 2、3 之间，跑动距离约为 100km 时，获得 "最佳球员" 奖概率的增长速度最快。

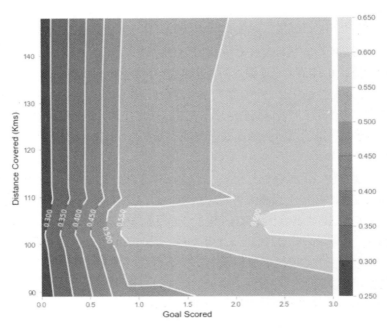

图 4.6　显示两个主要特征间交互及其对预测影响的 PDP 图表

　　进球数图表中，一个进球上方似乎仅有微小的变化；而此处我们可以清楚地观察到最佳值区域(黄色区域)。同时，这也表明跑动距离约在 100km 时影响最大，但当进球越多时，更长的跑动距离会产生相同的整体效果。我们仅使用最重要的两个特征进行练习，但也值得使用其他特征组合，来深度研究这一情境并给出详细解释。

4.1.4　解释的性质

　　我们照常总结已提供的可解释性的性质，见表 4.3 和表 4.4：

表 4.3　排序重要性和 PDP 方法的解释性质评价

性质	评价
完整性	使用不可知方法实现的可解释性,完整性低,预测模型预测的概率有限(仅将进球数看作粗略指标)
表达力	善于识别最重要特征,但不善于获得平均值,没有特征交互的细节(有限)
半透明性	低,不能洞察内部模型
可移植性	高,方法不依赖于 ML 模型的规定
算法复杂度	低,不需要复杂的方法来生成可解释性
可理解性	人类可以理解的可解释性的水平

表 4.4　内在可解释模型的解释性质

性质	评价
完整性	不需要与内在可解释模型的可理解性进行权衡,即可达到完全完整
表达力	弱于线性回归的表达力。系数的理解不是十分简明直接
半透明性	可以观察任意内在可解释模型的内部。权重值在此被用于提供解释,但不像线性回归案例中那样直接
可移植性	方法不可移植,仅针对逻辑回归
算法复杂度	低,但不像线性回归案例中那样琐碎
可理解性	人类(包括非技术人员)可理解的解释

请将此表与上一章中内在可解释性模型表进行比较

很明显,使用不可知方法降低了完整性(我们得不到完整的模型理解),但提高了可移植性,因为不可知方法不依赖于模型。

要注意我们所提供可解释性(全局可解释性)的范围。如你所见,我们使用排序重要性和依赖于平均值的 PDP 方法给出函数关系和可解释性。使用这些方法无法回答有关预测特定数据点的问题。下一节将使用 SHAP 将范围从全局范围转换为局部范围,并回答有关特定数据点预测的问题。

4.2　局部可解释性：XAI 与 Shapley 加法解释

还记得第 1 章中从 XAI 开始的研究吗？

常用这样的经典示例来介绍 XAI：某人，比如 Helen 去银行申请贷款，但被拒绝了。发生这种情况时，人们肯定会问"为什么？"，若不透明 ML 模型不使用 XAI 生成答案，银行就无法回答这个问题，可能会因此遇到麻烦。作为全局方法，排序重要性和部分依赖图在这种情况下是不能起作用的。Helen 获取有关 ML 模型如何获取"全局"解释并不感兴趣，但是她想知道问题的答案。

回到"最佳球员"奖情境，目前为止我们已经提供了有关最重要特征的可解释性，并通过预测给出这些特征的函数关系，但我们不能直接回答这一问题：考虑到图中的特征，这场比赛的特定预测在多大程度上是由乌拉圭的进球数量推动的？

Helen 也遇到同样的问题：她不想知道银行 ML 模型一般如何使用特征，但想知道在她的案例中，申请贷款人为何被拒绝。

"最佳球员"奖案例也是如此：我们不想知道模型的最重要特征，但想要获得某场特定比赛的可解释性，如乌拉圭对俄罗斯。

使用 SHAP 库从全局可解释性转变为局部可解释性。SHAP 为 Shapley 加法解释(Shapley Addictive exPlanations)，见表 4.5。

表 4.5　使用 SHAP 分析特定比赛

日期	队伍	对手	进球数	控球率%	射门	门内球	门外球	最佳球员
25-06-2018	乌拉圭	俄罗斯	3	56	17	7	6	是

根据排序重要性和 PDP 可知，"平均"进球数是影响预测的主要因素，但我们也知道(记住 2D PDP 图)特征间可能进行相互交互，从而改变情况。此外，我们想要得知乌拉圭进了三个球时，与基准线相比预测"可能"增加多少。在这些特定案例中，我们对理解模型的"平均"行为不是很感兴趣，只需要单一预测答案，而在此过程中 SHAP 起到了一定作

用(Becker 2020)。

4.2.1　Shapley 值：一种博弈论方法

SHAP 方法依赖于 Shapley 值(Shapley value)，由 Lord Shapley 于 1951 年将这一概念引入，以寻找合作博弈对策。博弈论可以奠定基础，它是应对这种情况的理论框架，我们需要竞争对手，也要根据其他玩家采用的策略来寻找最佳决策。数学家 John von Neumann、John Nash 以及经济学家 Oskar Morgenstern 共同创造了现代博弈论。

合作博弈论是一种博弈论的一个特案，其假设一组玩家以联盟的形式做出决策，建立合作行为。Shapley 值用于应对这一特定情境：在一场博弈中，一组联盟采用特定战略取得集体收益，我们想要知道根据联盟中每个人做出的贡献来分配收益的最公平方法。

如何估计每位玩家的边际贡献？

假设 Bob、Luke 和 Anna 三位玩家依次加入游戏，最直接的答案是考虑他们每个人所获得的收益：

Bob 加入并获得值为 7 的收益，Luke 加入并带来值为 3 的收益，最后 Anna 加入并带来值为 2 的收益，因此顺序为(7，3，2)。

但在此我们不考虑改变玩家进入游戏的顺序会改变相应收益的情况(由于进入游戏时会发现的不同游戏背景条件)。同时，我们需要考虑所有玩家同时进入游戏的情况。

Shapley 值对所有可能顺序取平均值，以求得每位玩家的边际贡献，进而回答问题。我们将在 4.3 节中补充一些技术细节。

这些内容又与 ML 和 XAI 有怎样的联系呢？我们采用的类比非常有说服力，也是将强有力的思想从某一科学领域跨越分界线到另一领域的极佳示例。

我们可以用"特征"代替"玩家"，特征用于构建收益预测。根据 Shapley 值可以得知在特征间公平分配收益的方式，即对特定预测(游戏结果)的贡献更大的特征。

也可以将 Shapley 值看作对员工工资的公平再分配。

我们可以通过 Shapley 值准确计算每个员工的贡献，随后根据每个人的贡献按比例分配工资。

这种 XAI 方法称为 SHAP(Shapley Additive exPlanations 的首字母缩略词)，它可以通过潜在 Shapley 值的线性组合(加法模型)提供单一预测的可解释性。我们来看它在实践中是如何运作的。

4.2.2 SHAP 的首次应用

现在继续回到"乌拉圭 vs 俄罗斯"这场比赛的特定问题，我们想知道 ML 模型得出的"最佳球员"奖预测在多大程度上由乌拉圭队伍进球数决定。我们对比预测与基准值，基准值为全部比赛所有预测的平均值。

```
row_to_show = 19
data_for_prediction = val_X.iloc[row_to_show] #A
  data_for_prediction_array = data_for_prediction.values.
 reshape(1, -1)
my_model.predict_proba(data_for_prediction_array)
```

#A 使用一行数据，如果需要可使用多行

这几行代码仅用于选择正确的比赛(乌拉圭-俄罗斯)，并观察 ML 随机森林模型得出的预测，即乌拉圭队获得"最佳球员"奖的概率(52%)：

```
array([[0.48, 0.52]])
```

根据以下代码导入 SHAP 库，并将其投入使用：

```
import shap #A
  k_explainer = shap.KernelExplainer(my_model.
 predict_proba,train_X) #B

k_shap_values = k_explainer.shap_values(data_for_prediction)
```

#A SHAP 值计算包
#B # 使用 **KernelSHAP** 解释测试集的预测

　　根据这三行代码，我们已经生成可用于解释特定比赛预测的 SHAP 值，但它们只是数字。最佳特征是内置图形库，它可以生成简明并可解释性的结果图表。

```
shap.force_plot(k_explainer.expected_value[1],
k_shap_values[1], data_for_prediction)
```

　　观察输出以及解释方式，如图 4.7 所示：

图 4.7　SHAP 图表，展示特征对乌拉圭-俄罗斯比赛影响。
力图展示出特征改变最终值的程度。例如我们观察到"进球数=3"的影响最大，
因为它将最终值向右推进间隔最大(Becker 2020)。

　　图表中有两种主要指标。左侧特征可以增加预测结果，相应的长度表示特征对于决定预测中的重要性。

　　同样，右侧特征可以降低预测结果。这场特定比赛中，我们预测乌拉圭队有 0.52 的概率获得"最佳球员"奖，考虑到该队伍进球数为 3，所以此概率不是很高(进球数是最重要的特征)。

　　将 0.52 与基准值 0.50 进行对比，基准值为所有输出的平均值，在此案例中，代表最大不确定性，将 0.52 与基准值 0.50 进行对比。可看到对于结果的解释为：除红色起推动作用的特征外，还有可以降低整体概率的特征，如任意球、射门、门外球。同距离基准值之间的偏移量是红色条柱总长度与蓝色条柱总长度的差值。

　　有必要再次强调这个结果与之前所得之间的巨大差距。在排序重要性和 PDP 中，我们定义了最重要的特征，并提供了特征和预测之间的"平均"函数关系。我们无法得到特定预测来回答特定比赛有关"为什么"的问题。但我们可以使用 SHAP 来回答特定情境下的问题，以此来解决特定案例(贷款申请被拒绝)中的问题。我们此时对特征相关重要性的一般解释不感兴趣，只想自身的案例中知道会发生什么。乌拉圭-俄罗斯比赛中的进球数会使预测值增加，而 SHAP 表明，在这场特定比赛中存在其他因素将预测值

局限在 0.52。

SHAP 甚至可以做更多，不局限于对单一预测的深度挖掘。

还记得排序重要性方法的局限之一吗？通过运用该局限我们可以得知特征的相关重要性，但不知道该特征是否仅对少量预测做出很大贡献，而对其他产生平均行为的预测几乎没有任何贡献。SHAP 能够根据每个特征对每个预测的影响得到总结图表。

```
shap_values = k_explainer.shap_values(val_X) #A
shap.summary_plot(shap_values[1], val_X)
```

#A 我们称之为总结图表

代码生成图 4.8：

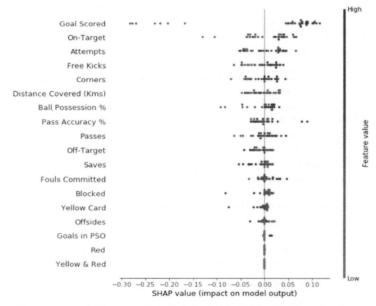

图 4.8   SHAP 图表，显示特征排序和对比赛预测相应影响(Becker 2020)

图表左侧为特征列，x 轴为 SHAP 值。每个点的颜色代表对于数据的特定行，该特征的特征值是高还是低。x 轴上相应点的位置表示该特征对预测的贡献是否为积极贡献。这样即可快速评估特征对于每个预测来说是否趋于平缓，或是对某些行影响很大，而对其他行几乎不会产生任何影响。

4.2.3　解释的性质

在结束本节之前，我们已提供可解释性来做一些评价。

跟往常一样，表 4.6 总结了已提供可解释性的性质。

表 4.6　SHAP 的解释性质评价

性质	评价
完整性	重点在于解释单个预测，不关注 ML 模型机制
表达力	对单一预测的表达力极强，即 XAI 通常需要回答的内容
半透明性	低，无法观察模型内部结构
可移植性	高，此方法不依赖于 ML 模型规定来解释预测
算法复杂度	中等，SHAP 易于应用，但不易于充分理解潜在概念
可理解性	人类易于可理解的解释水平，生成的图表简洁清晰

在这个实用方法后，我们深入理解了 Shapley 值的数学基础、SHAP 库及其提供的诸多算法。

4.3　KernelSHAP

为加深理解，我们简要讨论 Shapley 值的理论性质，以及 SHAP 库实际上是事后解释的实际状态的原因。

我们也会将 LIME 与 SHAP 进行对比研究。LIME 是局部可理解性不可知论模型解释(local interpretable model-agnostic explanations)的首字母缩写词。

4.3.1   Shapley 公式

构建模型，形式如 $y = f(x)$ 。

不可知解释器适用于对黑盒类型的模型进行解释。因此，在不了解模型 f 内部原理的情况下，解释器构建了一个解释模型 g，该解释模型仅能描述模型 f 的输出及与训练集和训练域有关的一些信息。

如前所述，Shapley 值在博弈论中有很深的基础，这也是许多其他解释方法缺少的理论基础。在 Scott Lundberg 和其他人(Lundberg 和 Lee 2016，2017)的原始基础论文和后续研究中，Shapley 解释有两个重要的性质：

(s.1)二者是相加的(additive)，因此可以通过分析数量来解释两者的特征：

$$g(x) = \phi_0 + \sum_{i=1}^{M} \phi_i = 常数贡献 + 每个特征重要性之和$$

其中 ϕ_i 是模型中每个特征的贡献，ϕ_0 独立于特征。

(s.2)二者是一致的(consistent)，或单调的(monotonic)，若特征 x_i 比 x_j 对模型的影响更大，则 $\phi_i > \phi_j$ 。

已证明 Shapley 值是唯一的，从某种意义上说，它只能拥有性质(s.1)和(s.2)两种可能解释。这也赋予了这种方法极大的吸引力。

怎样得到 Shapley 值呢？Shapley 值公式为

$$\phi_i = \sum_{S \subseteq N\{i\}} \frac{(M - |S| = 1)! |S|!}{M!} \left[f_X \left(S \cup \{i\} \right) - f_X \left(S \right) \right] \qquad (式 4.1)$$

在此我们将特征的每个可能子集 S 相加，其中不包括我们正在调查的特征 i。因此 $f_X(S)$ 是给定特征子集 S 的预期输出，$f_X(S \cup i) - f_X(S)$ 是添加特征 i 带来的贡献。

此组合是考虑创建特征子集方法的多种的权重值因数。

4.3.2   如何计算 Shapley 值

等等！该如何在不使用特征的情况下评估 f？为此，我们需要使用一些背景信息来评估带有假设值的 f，而不是正在调查的特征。这并不是一件小事，我们通常使用数据分布，或者在背景数据集中随机抽样。

特征(不包括特征 i)的可能子集数量为 2^{N-1}，其中 N 为特征总数，因此该子集数量随特征数的增加而快速增加。

按标准计算大量特征太过浪费时间，因此我们通过蒙特卡罗(随机)方法来进行近似估计。

Lungren 在 SHAP 库中的所作所为向我们展示出其他优秀且快速的解决方案。

前一节中使用的 KernelShap 为不可知近似线性近似，适用于可能的训练模型。

而 TreeShap 并非不可知方法，它仅适用于基于树的模型(甚至是提升树)，但也可用于线性时间内，作为 Shapley 值的精确计算而非近似。

DNN 中也存在一些特定方法，我们会在后续章节中进行介绍。

4.3.3　局部线性代理模型(LIME)

KernelShap 意在为解释模型 g 构建局部代理模型。代理模型是模型的有效近似，是一种模型重构，可以给出与模型近似相同的结果。局部代理模型将真实模型近似为给定的样本值。

如你所见，局部可解释性模型比全局可解释性模型更加强大。它可以回答顾客关于"为什么我的贷款申请被拒绝了？"的问题，并探索模型因顾客数据的微小变化而给出的所有答案。从技术上讲，它对模型的每个实例给出了不同的解释。

前一小节对相加性(s.1)的需求强制我们使用局部线性模型，而这实际上是个绝妙的想法，因为线性模型具备内在可解释性。因此，KernelShap 与另一著名不可知技术(LIME)之间的差别并不大。

Ribeiro et al(2016)提出的原始 LIME(LIME 全称为局部可理解性不可知论模型解释)意在重复调用训练模型 f。假设 f 为分类器，则 $f(x)$ 值为实例 x 中的一个分类概率，如图 4.9 所示。

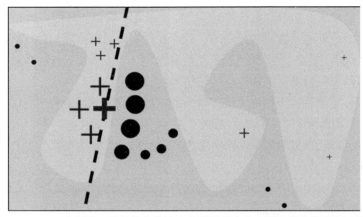

图 4.9　LIME 示意图。模型的分类输出为圆圈或十字，因为维度代表权重值，

因此较远的点权重值较小(Ribeiro et al 2016)

为构建线性模型 g，在 x 上添加高斯噪声以获得新扰动点 z_1, z_2, z_3 等。模型 f 在这些新实例上的新分类概率为 $f(z_1)$, $f(z_2)$, $f(z_3)$ 等。最后，在这些新实例的基础上训练线性模型 g，遵循较远的点权重值较小，且权重值随距离呈指数性减小的要求。

这一过程可表示为含有 g 和其他两项参数的损失函数：

$$\mathrm{Loss}(g) = L(f, \pi, g) + \Omega(g)$$

$L(f, \pi, g)$ 是值的实例 $f(z_i)$ 与期望从损失函数得到的代理模型 g 之间的平方差的和。但此处它与一个正权重值因数 π 相乘，π 随着原始实例 x 的距离增加而减小。

在 LIME 中，π 通常为递减指数函数。

$\Omega(g)$ 项是用于得到稀疏表示的 Lasso 正则化。可以通过改变 $\Omega(g)$ 来减少解释的维度，即表达为仅有 K 个非零特征。

当仅约束在几个非零特征中，且不缺失解释的逼真度时，可以提高简洁性，因此可理解性也得到了提升。

事实上，现有的研究通常会在文献中对实例 x(模型 f 的所有可能特征)与其可解释的近似 x'(只考虑有意义的特征)进行区分。

想一想第 1 章中狼的图片。在此案例中，x 是具有所有像素值的矩阵(三种颜色)，而 x' 只是选定的雪地部分，见图 4.10。

图 4.10 为什么说这是一匹狼? 因为图像中有雪! (Ribeiro et al 2016)

4.3.4 KernelSHAP 是一种特殊的 LIME

我们已经学习了构建线性代理模型的方法，并能够定义这一性质：KernelShap 是原始模型 f 中唯一局部线性代理解释模型 g，可以提供 Shapley 值。

在 KernelShap 中，我们使用 LIME 损失，但根据"距离"π 确定权重值，需要对我们在 Shapley 公式(式 4.1)中使用的特征的可能子集进行计数。

因此，KernelShap 实际上是一种特殊的 LIME。

最后，我们指出 SHAP 的一个优点。

即使 Shapley 值对应特征维度不同，但所有 Shapley 值的维度相同(如货币)。因此我们可在不使用正则化的情况下，将 Shapley 值自身当作另一模型的新特征使用，或者利用 Shapley 解释的相似性整合不同样本。因此，从技术上讲，Shapley 值是优秀的特征提取器。

SHAP 库中还有两种用于解释 DNN 模型，我们将在下一章中讲解。

4.4 KernelSHAP 与交互

4.4.1 纽约出租车情境

本节从处理纽约出租车数据集的 Kaggle 数据集(Kaggle 2020)开始。我们要达成的目标是基于上车地点与下车地点预测纽约出租车收费。估算过程非常基础，仅需要考虑上、下车两地点及二者间的距离。

我们将再次使用 SHAP，但此情境中更加注重特征的交互。同时，假设要求我们提供实时解释，并记录预测时间以实现这一性能目标。

4.4.2 通过初步分析训练模型

打开文件

```python
import pandas as pd
import numpy as np
import matplotlib.pyplot as plt
from lightgbm import LGBMRegressor #A
from sklearn.model_selection import train_test_split
from sklearn.metrics import r2_score

from sklearn.inspection import permutation_importance #A


# Data preprocessing.
data = pd.read_csv("./smalltrain.csv", nrows=50000)
```

#A 我们将使用 **Sklearn**

过滤离群值并训练梯度提升模型

```python
data = data.query('pickup_latitude > 40.7 and pickup_latitude <
40.8 and ' +
```

```
        'dropoff_latitude > 40.7 and dropoff_latitude < 40.8 and
' +
        'pickup_longitude > -74 and pickup_longitude < -73.9 and
' +
        'dropoff_longitude > -74 and dropoff_longitude < -73.9 and
' +
        'fare_amount > 0'
        )
    y = data.fare_amount


    base_features = ['pickup_longitude',
                     'pickup_latitude',
                     'dropoff_longitude',
                     'dropoff_latitude',
                     'passenger_count']
    X = data[base_features]

    X_train, X_test, y_train, y_test = train_test_split(X,y,test_
    size=0.5, random_state=1111)

    # Tain with LGBM Regressor
    reg = LGBMRegressor( importance_type='split', random_state=42,
    num_leaves=120) #B

    reg.fit(X_train, y_train)
    print(r2_score(y_train,reg.predict(X_train)))
    print(r2_score(y_test,reg.predict(X_test)))
```

#A 将训练一个 **LGBM** 回归器. 请注意 **LGBM** 是基于树的模型
#B 训练 **LGBM** 回归器

得到精度

0.6872889587581943　训练集

0.4777749929850299   测试集

由于 R2 评分过低，因此该模型并不适用，甚至可以说该模型过拟合，因为训练集评分明显大于测试集评分。

可计算出排序重要性，见图 4.11：

```
# Getting permutation importance.
result = permutation_importance(reg, X_test, y_test, n_repeats=10,
    random_state=42)
perm_sorted_idx = result.importances_mean.argsort()

# Visualize two variable importance plots.
fig, ax1= plt.subplots(1, 1, figsize=(12, 5))
ax1.title.set_text('Permutation Importance')
ax1.boxplot(result.importances[perm_sorted_idx].T, vert=False,
        labels=X_test.columns[perm_sorted_idx])

fig.tight_layout()
plt.show()
```

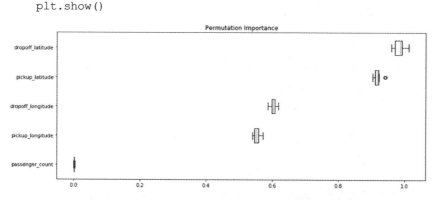

图 4.11   绘制纽约出租车数据集的排序重要性图表。使用箱型图
来体现重复计算 n_repeats 次估计出的重要性的不确定性

正如排序重要性可见，图中 y 轴为对损失函数具有较大影响的特征。

现可绘制两个较重要特征间(遵循排序重要性)的"交互 PDP"部分依赖图，见图 4.12：

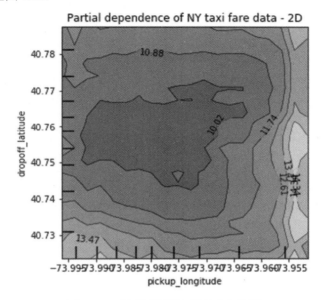

图 4.12　两个最重要特征的部分依赖图

```
print('Computing partial dependence plots...')
from sklearn.inspection import plot_partial_dependence
import time

tic = time.time()
fig, ax = plt.subplots(figsize=(5, 5))
  plot_partial_dependence(reg, X_test, [(X_test.columns[0],X_
  test.columns[3])],
                          n_jobs=3, grid_resolution=20,ax=ax)
print("done in {:.3f}s".format(time.time() - tic))
ax.set_title('Partial dependence of NY taxi fare data - 2D')
plt.show()

With output
```

```
Computing partial dependence plots...
done in 21.406s
```

根据部分依赖图可知，两个特征相互影响。

当两个特征不进行交互时，$f(x) = f_j(x_j) + f_i(x_i)$，因此每个特征的贡献相互独立。部分依赖图也显示出一种类似最佳球员情境中的复杂交互行为。

4.4.3　用 KernelShap 使模型具备可解释性

现在使用 SHAP 库来寻找局部可解释性

```
import shap
tic = time.time()

background=shap.kmeans(X_train, 10) #A


explainer = shap.KernelExplainer(reg.predict, background) #B
shap_values = explainer.shap_values(X_test, nsamples=20)
print("done in {:.3f}s".format(time.time() - tic))
```
#A 需要背景信息，出于速度考虑，将背景总结为 K = 10 个样本
#B 使用 KernelSHAP

为加速创建模型，我们使用了一个小技巧，通过 k 均值将示例集减少至 10 个有意义的质心，而不是将一个大量样本集作为背景传递。但在机器上创建模型仍需要 115.090 秒。

如本节开头所说，在此情境中，我们假设应尽快提供解释。但 KernelShap 计算速度过慢。稍后将讲解如何提升性能。

4.4.4　特征交互

现在参考已训练的 SHAP 模型，可找出特征重要性并绘制出部分依赖图，见图 4.13 与图 4.14。

```
# Variable importance-like plot.
shap.summary_plot(shap_values, X_test, plot_type="bar")

shap.dependence_plot("pickup_latitude", shap_values, X_test) #A
```

#A 使用 **SHAP** 绘制类 **PDP** 图

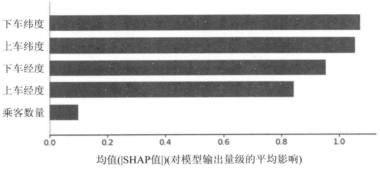

图 4.13　使用 SHAP 绘制特征重要性图表

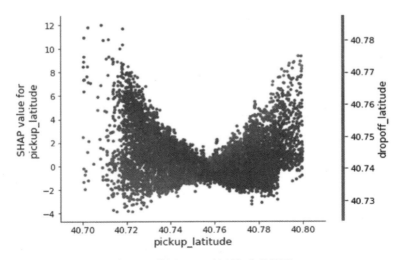

图 4.14　使用 SHAP 绘制部分依赖图

在此每个点都是一个不同的样本。左纵轴表示上车维度特征的 SHAP 值，横轴表示下车维度特征的 SHAP 值。模型自动找到最有可能与"pickup_latitude"交互的特征，并根据特征为图中的点上色。根据右纵轴可知，交互特征为下车纬度。

若两特征没有交互，则整体颜色均匀分布，或不同颜色的阴影部分没有相交。

相反，一定的图案和交叉点体现出相关交互。根据图片可直观地看出，当下车纬度低时(NYC 更低一侧)，上车纬度对预测的贡献(即上车维度的 SHAP 值)会使费用增加。而当下车纬度高时，上车纬度对费用的贡献会随着上车纬度变量的增加而减小。事实上，下车纬度特征在改变上车纬度特征对费用的影响。

4.5　提升树的更快速 SHAP

正如之前提到的，TreeShap 对基于树的模型有更快的版本，对我们在先前章节中使用的 Lightgbm 模型也是一样。同时，TreeShap 不仅更快，而且能够精确计算 Shapley 值。

4.5.1　TreeShap 的应用

此处将 Shapley 值作为 Shapley 贡献分支每一节点处的平均平权重值。该算法巧妙地重用先前值来收集结果，甚至可以根据树的结构估计背景贡献。

很明显，TreeShap 不是像 KernelShap 一样的不可知方法，因为它使用的是模型的内部结构，但在计算速度和计算精度方面进行了很好的权衡。

使用 TreeShap 代替 KernelShap，训练与之前相同的 boosted 模型，以满足减少提供解释所需时间的需求。

```
import shap
print('Computing SHAP...')
```

```
tic = time.time()

explainer = shap.TreeExplainer(reg) #A


shap_values = explainer.shap_values(X_test)
print("done in {:.3f}s".format(time.time() - tic))
        pd.DataFrame(shap_values,columns=X_test.columns)
```

#A 使用 **TreeSHAP**，而不是 **KernelSHAP**。记住，**reg** 是一个基于树的 **LGBM** 模型

输出为：

```
Computing SHAP...
  Setting feature_perturbation = "tree_path_dependent" because
  no background data was given.
done in 18.044s
```

先前方法需要 115 秒，此处仅需 18 秒，这是极大的提升！想要及时得到费用预测解释的利益相关者会非常满意。

4.5.2　提供解释

为完成纽约出租车公司(或任一对费用的控制/税收感兴趣的机构)的工作，我们需要给出一些实例和所应用 SHAP 的力图，如图 4.15 所示。

图 4.15　出租车情境的 SHAP 图表

我们可以很容易地观察到对费用的积极和消极贡献。如果想要同时看到所有样本的力图，可以对每一个不同的样本点进行汇总，见图 4.16。

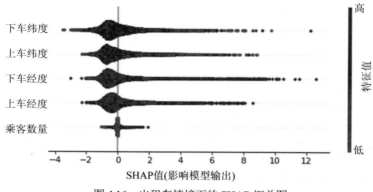

图 4.16   出租车情境下的 SHAP 汇总图

```
shap.initjs() # print the JS visualization code to the
notebook
# visualize the a prediction's explanation, decomposition
between average vs. row specific prediction.
shap.force_plot(explainer.expected_value, shap_values[50,:],
X_test.iloc[50,:])
```

#每张力图代表一个数据行，附有每个变量的 SHAP 值，
#红-蓝两色为原始数据的量级
```
shap.summary_plot(shap_values,X_test)
```

或者我们可以垂直旋转力图，并将其水平包装为根据上车纬度分类的
图表，如图 4.17 所示。

```
# Pretty visualization of the SHAP values per data row. We
limit to the first 5000 samples
shap.force_plot(explainer.expected_value, shap_values[
0:5000,:], X_test)
```

#根据 pickup_latitude 对其进行分类 (见图 4.17)

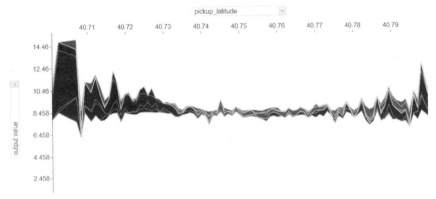

图 4.17　包装后的 SHAP 力图

或根据解释间的相似度将 SHAP 解释分组，见图 4.18。

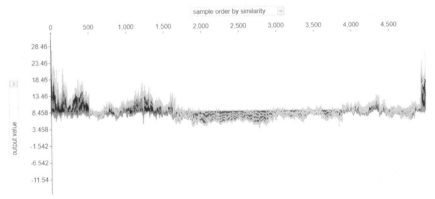

图 4.18　SHAP 图表：解释间的相似度

4.6　对 SHAP 的朴素评价

最后，我们将介绍 Edden Gerber(2020)受 SHAP 启发提出的解释方法——朴素 Shapley 值。

Gerber 提出的方法虽然存在局限，但对我们通过 SHAP 真正得到的，与我们希望通过 SHAP 中得到的做出了对比。

在公式(4.1)中,我们发现计算 Shapley 值的关键是 f_x,即没有特定特征的情况下评估模型。

众所周知,SHAP 方法用一些缺失特征的背景信息(或统计数据)来代替缺失特征,但如果模型 f_x 独立于缺失特征呢?

事实上,Gerber 的朴素 Shapley 值为每组缺失特征再次训练模型 f_x,并计算式 4.1。

这并不是一种新的方法,它只是一种随机森林核心地位的袋装形式。它也不再是不可知论方法,因为该方法不解释原始模型 f_x,而是再次训练一些新的参考模型。

但也可以将这种方法应用于建模阶段,会达到意想不到的效果。

若再次训练模型,必须能够使用与训练原始模型所用相同的训练集。我们可能会增强该模型,使其具有本没有的预测能力,并且训练时间随所涉及的特征数量呈指数级增长。

实际上,朴素 Shapley 更多是描述的数据性质,而不是描述我们想要解释的模型 f_x 描述的更多,但结果仍具启发性。

从训练一个关于成人人口普查模型 f 开始,该模型已囊括在 SHAP 库中,用于预测年度收入,见图 4.19。

图中既包括对模型 f 的 TreeExplainer SHAP 的可解释性,也包括对相同模型和辅助训练模型的朴素 Shapley 值的描述。

可以看出二种方法的值非常相似,但朴素方法的值更加分散。

观察性别特征,例如,原始模型不能清晰地体现性别对收入的影响,但朴素 Shapley 值可以做到,因为数据中存在性别差异。

我们已经在排序重要性一节中了解过这种影响,原始模型学习使用性别以外的其他特征来预测收入,从而认为性别在预测中的重要性比在数据中的重要性更低。

而朴素 Shapley 方法重新训练了在其他特征缺失时被迫使用性别的模型,因此更能代表真实数据,但不能很好地解释模型的行为。

事实上,我们可以训练更具公平性的模型,将训练模型的 SHAP 值与朴素 Shapley 值方法提供的数据分析进行比较。

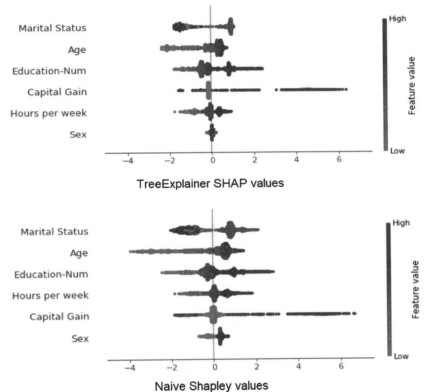

图 4.19 成人人口普查数据集——UCIML 存储库(UCI 1996) ——SHAP 文档

第 5 章将介绍用于 DL 的可解释性模型。我们也会尝试解密黑盒！

4.7 小结

本章主要讲述了模型不可知方法：排序重要性和部分依赖图，以及更加复杂的 Shapley 值和 SHAP 模型。

- 使用排序重要性方法回答有关最重要特征"是什么"的问题。

- 使用部分依赖图回答关于"如何做"的问题，以理解特征对预测的影响。
- 使用 SHAP 提供局部可解释性。
- 通过对比 SHAP 和 LIME 来丰富对 SHAP 的理解。
- 提高使用 TreeShap 代替 KernelShap 生成解释的性能。
- 了解 SHAP 的局限性，为特定案例制定最佳 XAI 策略。

参考文献

Becker,D.(2020). *Machine learning explainability.* 可在 https://www.kaggle.com/learn/ machine-learning-explainability 上阅读。

Gerber, E. (2020). *A new perspective on Shapley values, part II: The Naïve Shapley method.* 可在 https://edden-gerber.github.io/shapley-part-2/上阅读。

Kaggle.(2020). *New York taxi fare prediction.* 可在 https://www.kaggle.com/c/new-york-city-taxi-fare-prediction 上阅读。

Lundberg, S., & Lee, S. I. (2016). An unexpected unity among methods for interpreting model predictions. In *29th conference on Neural Information Processing Systems (NIPS 2016)*, Barcelona, Spain, pp. 1–6. http://arxiv.org/abs/1611.07478.

Lundberg, S. M., & Lee, S. I. (2017). A unified approach to interpreting model predictions. In *Advances in neural information processing systems* (pp. 4765–4774). US:MIT Press.

Ribeiro, M. T., Singh, S., & Guestrin, C. (2016). "Why should I trust you?" Explaining the predictions of any classifier. In *Proceedings of the 22nd ACM SIGKDD international conference on knowledge discovery and data mining* (pp. 1135–1144).

UCI. (1996). *Adult data set.* 可在 https://archive.ics.uci.edu/ml/datasets/adult 上阅读。

第 5 章
解释深度学习模型

"在我开始工作之前，其实这雕像本来就存在于大理石之中，我只是把多余部分去掉而已。"

——米开朗基罗

本章内容
- 遮挡
- 梯度模型
- 激活模型
- 无监督激活模型
- 未来前景
  - 提供计算机视觉中 DL 模型的可解释性
  - 计算机视觉中对黑盒模型建立可解释不可知模型
  - 使用显著图提供主要研究领域的可解释性
  - 读者将对该领域的未来研究方向有所了解

    建立可理解性的 CNN

    使用无监督学习对模型进行探索性分析

本章中，我们将讨论 DL 模型的 XAI 方法。

DL 模型可解释性是一个热门的研究课题，因此我们将说明这一问题方法当今的重要性、优势以及它的未来。

在本章中，我们要强调一个基本概念：拥有一个可解释性的模型是创建具有鲁棒性和可靠性模型的方法之一。因此，不需要在可解释性和鲁棒性之间进行权衡；相反，具有可解释性自然会使模型更具鲁棒性。

不难看出，XAI 方法和训练最佳实践用的是相似的方法，任何能加速 DL 模型的训练并使其更加准确的方法都与 XAI 方法重叠。

简单来说，我们将以计算机视觉为例，现在我们所面临的难题是创建"具备良好可解释性的模型"。为此，我们将从一个不可知的观点出发，然后逐渐尝试利用这一领域更先进的技术解密黑盒，如图 5.1 所示。

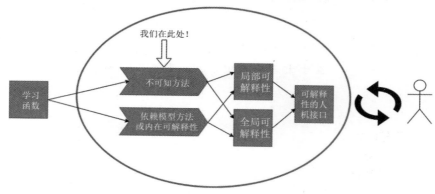

图 5.1　XAI 流程图：不可知方法

5.1　不可知方法

我们将从不可知方法开始讨论。这种方法在不利用 DL 模型的内部功能的前提下，扰动模型的输入。在接下来的几节中，我们将介绍基于梯度的方法。

5.1.1　对抗性特征

如果不能恰当地界定 DL 模型所带来的问题和困难，就不可能解决 DL 模型的相关讨论。

为了使内容更加具体，我们首先介绍一系列概念实验。

我们来看一个经典的用于分类狗图像和猫图像的模型。

通过将模型视为黑盒，我们根本不需要关心模型是神经网络、决策树、还是线性模型，也不必在意模型是否对图像进行了预处理。如果将图转化为灰度图，则还需做一些特征提取、图像卷积等工作。要抽象地思考模型，而不是考虑模型的实现方法。

当然，你可能会认为有正确标记的图像就足以解决分类问题。然而，图像的来源却经常会被忽视。

以一张狗图像，一张猫图像为例，如图 5.2 所示。

图 5.2　图像中的对抗性特征(由 L.Bottou(2019)设计)

我们没有深入研究所用相机的参数，但显然，我们倾向于在户外拍摄狗，在室内拍摄猫。

狗通常是静止的，而猫总是在移动，因此我们必须使用不同的曝光时间。而且，狗和猫的体型不同，我们应该选择相应的放大倍数。

一个优秀的黑盒可以通过信噪比(SNR)、色彩平衡、景深和纹理噪声来利用这些信息。因此，一个好的黑盒可以学会依据特征区分狗和猫，而人类绝不会使用这些特征区分猫狗。

我们已经了解过了识别雪中狼的示例。这里要解决一个相同的问题，但我们试图概括这个概念。我们列出的许多特征都是照片中自然出现的合理特征。

以下我们将称之为对抗性特征，这些特征会扭曲学习，通常会降低概括黑盒的能力。

例如，很容易想象，仅由视觉领域进行的分类会将小马归类为狗。

因此，用于图像识别的黑盒训练必须包括预处理，以防止模型从对抗性特征中学习。降低这种风险最常用的方法是尽可能地随机化图像源，并采用增强方法。

5.1.2　增强方法

在计算机视觉领域，常用到增强方法训练模型。

这种方法通过旋转、平移、放大、颜色和对比度变化、垂直和水平缩放、翻转等一系列变换来改变输入的图像。这些变换在计算机视觉中非常常见，以至于每个 DL 框架都有其内置的增强方法。

在训练阶段，将照片每一个可能的旋转方式都清晰地呈现给模型，该行为将迫使模型使用不依赖于方向特征的识别方法，因此即使猫被倒置查看，识别结果也仍然是猫。

一般来说，数据量和模型复杂性之间总是有对应关系。

因此，例如，在 Vapnik 和 Chervonenkis(1968)的 Vapnik- Chervonenkis 维度方面，带有许多参数的高容量复杂模型，需要使用大量的数据进行训练，而增强方法的作用是增加数据量，以避免模型过拟合。

然而对于深度神经网络，我们会发现这种方法有失正确性。

对于作用于权重的正则化和双下降(Nakkiran et al.2019)等现象，现在我们暂时忽略架构，并认定增强方法有助于增加训练阶段的可用数据集，但是这两种方法不能完全随机地进行，因为它们实际上可能会向模型中添加噪声并混淆模型。它们应该旨在为模型提供鲁棒的信息。

这些方法使得训练更具普遍性，而且速度也越来越快。

让我们用另一个心理实验来明确这些概念。

5.1.3　将遮挡用作增强方法

假设我们想要训练一个黑盒区分橘子和苹果，如图 5.3 所示。

图 5.3　怎样从果皮质地、颜色或者叶柄来区分苹果与橘子？(vwalatke 图)

黑盒可以学习从外形、果皮质地，或者从叶柄来区分这两种水果。

水果的叶柄是个极好的特征，能够以独特方式区分水果，但该特征并不是区分水果的鲁棒特征，通过区分叶柄不能使训练变得可靠。事实上，只需要转动其中一个水果，就能隐藏它的叶柄和组织模型进行预测。

这里需要注意的是，特征的鲁棒性这个概念与我们前面章节中讨论的特征重要性不同。

特征重要性是经过训练的模型对特征的重要性，以及特征与输出计算的相关性的置信度。

现在，来看看以下两种模型：一种是已经学会从叶柄区分水果的模型，另一种已经学会从果皮区分水果的模型。这两种模型分别将叶柄和果皮认定为非常重要的特征，且都有能力正确预测水果种类，但是使用叶柄特征训练出来的模型鲁棒性较低，所以对于新示例的普遍性较低。

当一个模型不能很好地类推到新的情况时，我们将认为该模型过拟合，所以在某种意义上，模型的鲁棒性是模型在训练集中学习时没有过拟合。

有好几种技术可以用来强制黑盒通过果皮而不是叶柄来辨别橘子和苹果。

一种方法是为模型提供模糊程度不同的图像，以便加大模型使用茎作为特征的难度，但这种方法肯定会破坏图像。

另一种方法是使用遮挡技术(Zeiler 2013)，在这种技术中，图像中的一些信息会被抹除：例如，将一个小的灰色正方形图块随机应用于图像，见图 5.4。

图 5.4　将遮挡用作增强方法：用随机灰度方块强制模型使用果皮质地这一鲁棒特征

将叶柄遮挡住，以强制模型通过果皮识别水果。这并没有降低模型的精度，相反这使模型更具鲁棒性和通用性。

5.1.4　将遮挡用作不可知 XAI 方法

这个示例极好地讲述了良好的训练和 XAI 之间的对应关系，因为从遮挡开始，可以建立一个 XAI 方法来理解黑盒的关注点。

如果在训练阶段使用遮挡，就可以通过观察更精细的细节强制黑盒停止学习行为。现在，使用一个预先训练的黑盒，并将遮挡作为 XAI 方法对图像内容进行提问。

模型已经被训练并修正过了，在这个阶段我们无需在乎如何以鲁棒方式训练它，我们想要了解的是图像的哪些细节对类的属性，或是对评估某些像素的重要性最重要。

应用遮挡使输入变得多样化，所以会得到不同的输出。

添加遮挡的分析相当于沿着图像边缘滑动遮挡方块，并评估输出随时间的失真程度。

这是该算法最经典的应用。显然遮挡块越小，需要的时间越长。一个更明智的解决方案是，将问题作为优化问题处理，并应用元启发式算法(metaheuristic algorithm)来快速评估遮挡方块会产生较大差异的区域。

分析的结果将是一个热力图或一个显著图，将表明模型中最敏感的部分。

这种分析与模型类型或其内部功能无关，所以可解释性是不可知的。

但是现在，让我们尝试将其应用于真实模型。我们准备一个在 Keras 中预训练过的模型并使用库对其最重要的部分进行可视化。

在 Keras 中，最著名的库是 tf-explain、DeepExplain 和 eli5，而对于 PyTorch 用户来说，则有更好用的 Captum[1]。

通过 pip 安装库之前，使用 tf-explain pip，

```
pip install tf-explain
```

然后加载库

```
import tensorflow as tf
from tf_explain.core.occlusion_sensitivity import
OcclusionSensitivity
```

在 ImageNet 数据集上导入一个预训练的 ResNet50 模型

```
if __name__ == "__main__":
    model = tf.keras.applications.resnet50.ResNet50(
        weights="imagenet", include_top=True
    )
```

在代码的其余部分中，加载一个特定的图像并启动解释器(explainer)的两个实例，一个用于识别最有可能表示虎斑猫类的图像区域，另一个用

---

1 https://github.com/sicara/tf-explain
　https://github.com/marcoancona/DeepExplain
　https://eli5.readthedocs.io/en/latest/tutorials/keras-image-classifers.html
　https://github.com/pytorch/captum

于识别最有可能表示狗类的区域，如图 5.5 所示。

图 5.5　原始图像

```
IMAGE_PATH = "./dog-and-cat-cover.jpg"
    img = tf.keras.preprocessing.image.load_img(IMAGE_PATH,
  target_size=(224, 224))
    img = tf.keras.preprocessing.image.img_to_array(img)

    model.summary()
    data = ([img], None)

    tabby_cat_class_index = 281
    dog = 189

    explainer = OcclusionSensitivity()
    # Compute Occlusion Sensitivity for patch_size 10
    grid = explainer.explain(data, model,
      tabby_cat_class_index, 10)
    explainer.save(grid, ".",
      "occlusion_sensitivity_10_cat.png")
    # Compute Occlusion Sensitivity for patch_size 10
```

```
grid = explainer.explain(data, model, dog, 10)
  explainer.save(grid, ".",
  "occlusion_sensitivity_10_dog.png")
```

图 5.5 是原始图像，图 5.6 分别是对应虎斑猫和普通狗类的可解释性。

图 5.6 分别用于为虎斑猫类和狗类突出相关特征的遮挡

图中黄色部分最为重要。

由于模型通过遮挡来解释，可以说模型是通过观察眼睛和头部的纹理来识别照片里面是否有狗或猫。换句话说，相对于图像中的其他像素，这些是可用于解释的最重要的像素。

我们毫不怀疑，在不久的将来，不可知可解释性技术将变得越来越精炼和快速，例如，这一技术将能够更好地权衡同一图像中不同类别的联合存在。

在接下来的部分中，我们将放弃黑盒范式，打开模型来更深入地解释并加速此过程。这将允许我们使用微分法(differential method)查看存储在模型中的信息。

5.2　神经网络(NN)

在本节中，我们将简要回顾一下神经网络是什么及其工作原理。神经网络的内部工作将向我们引入微分法。

5.2.1　神经网络结构

神经网络是一种 ML 模型，通过简化模型模拟大脑的功能。

在数学上，这种理想化是通过一张图实现的，其中信息从输入特征开始，通过计算节点到达输出特征。最常用的 NN 方法是前馈或 DAG(有向无环图)，其中信息从输入流向输出，没有任何循环，如图 5.7 所示。

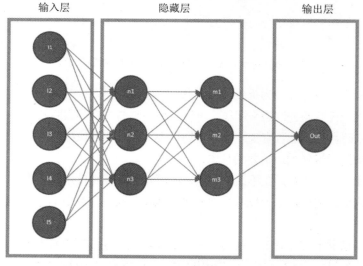

图 5.7　通用前馈网络/DAG

非循环神经网络无疑不同于大脑，因为在大脑中，连接也是循环的，并且有不同类型的记忆，如短期记忆和长期记忆。

每个计算节点通常是输入的线性组合，然后经非线性激活函数(通常是 ReLU 函数)处理。

这种非线性保证了模型作为一个整体而不仅仅是输入特征的线性组合，而且，正如我们将在第 7 章中看到的，输出将在权重方面主要保持局部线性。

通常，节点(神经元)排列成连续的层。只有内部(隐藏)层和输出层这两层的网络称为浅层网络(shallow network)。具有两层或两层以上内部层的神经网络称为深层网络。

当前 DL 的实质性发展正是基于深层网络强大的学习能力和概括模式。

为什么神经网络如此高效呢？

分层拓扑结构(layer topology)允许我们把神经网络想象成由几个计算块组成的序列。以浅层网络为例，网络从内部状态到输出状态的转变只是通过线性组合来实现的。因此，我们可以将浅层网络想象为一个线性模型，该模型没有作为输入的原始特征，而是将特征方便地转换为适当的基函数空间。

若有可能训练一个这样的模型，并且基函数足够灵活，则内部表示 (潜在表示)将承担特征提取器的角色。

也就是说，它可以将任意复杂任务的初始数据集转换为更简单的数据集。因此，图像识别在最后一层表现为标准的逻辑回归：高度非线性的问题现在被映射为线性问题。

值得注意的是，神经网络可以自行提取特征，而使用反向传播等方式训练神经网络相当于同时训练分类器和特征提取器。

Cybenko(1989)和 Hornik(1991)的普遍性定理(The Universality Theorem)保证了浅层神经网络是任意连续函数的普遍逼近器。NP 问题(NP-hard)就是要通过找到权重的精确值来获得这样一个近似值。

在实际应用中，对于一大类 NN，通过 SGD(随机梯度下降)和 Adam(自适应矩估计)等优化器进行权重值搜索(优化)往往非常快速且有效。

向计算机视觉领域过渡所获突破是，发现了一种特别适合图像处理层的类型：卷积滤波器。

卷积滤波器使学习对图像中物体的平移具有鲁棒性，即减少了图像中的噪声。而且，相对于全连接层，层之间的连接要少得多，因此需要训练的权重更少。

此外，可以把卷积滤波器看作类似于傅里叶变换(Fourier transforms)：它们可以使你立即发现图像中的周期性和模式。

神经网络的分层结构允许连续的抽象层次。

可以将第一层视为分类器，用于分割图像中的点，因此第一层将"看到"笔直的形状和相同的颜色，而下一层"看到"角度，以此类推。每层响应(即分类)图像中更微小的特征，给出更复杂的形式。

基于这个原因，我们发现神经元越接近最后一层，就越倾向于分化功能。

用梯度下降法训练神经网络相当于用偏导数和链式法则将网络中最后一层的识别误差向后传播。

分析一个只有输入层，即内层(也称为隐藏层)和输出层两层的神经网络。

由向量 x 表示输入。线性组合将把输入转化为第一层神经元。非线性 sigma 激活函数(或 ReLU)将用于模拟每个神经元的响应。

将每个神经元的输出映射到第二层(输出)，并在分类问题中运用一个新的激活函数(通常是 softmax)

在式 5.1 中，所有两层神经网络都可以简单地表示为：

$$y = \sigma(W_2\sigma(W_1x)) \qquad (式 5.1)$$

其中，W_1 和 W_2 表示恰当的权重矩阵。

与逻辑回归类似，过去通常使用 sigmoid 函数作为激活函数 σ，最近，由于反向传播方法的速度与收敛性，ReLU 代替了 sigmoid。

读者可以在 https://playground.tensorflow.org 网站找到些有趣的东西。

5.2.2　为什么神经网络是深层网络(与浅层网络相对)

对于这个问题，有必要回顾浅层网络和深层网络之间的区别。长久以来，仅用 SGD 使得训练深层网络存在困难，加上 Cybenko 和 Hornik 的普遍性定理认为即使是浅层网络也是普遍存在的，这些都阻碍了深层网络的发展。

此外，从可解释性的角度来看，浅层网络几乎是线性的，因此很容易用我们已经讨论过的方法对其进行解释。

那么，为什么要转向研究深层网络呢？

以奇偶函数为例。

奇偶函数的一个输出可以对应 N 个输入。若输入中有偶数个 1，则输出为 0；若输入中有奇数个 1，则输出为 1。

结果表明，采用带逻辑门的神经网络，浅层网络可以精确地再现中间层有 2^n 个神经元的奇偶函数。取而代之的是，一个 n 层的深层网络可以复制奇偶函数，网络中每层只有一个神经元，因此共有 n 个神经元。

所以深度神经网络更紧凑，这种紧凑性本质上是因为每一层都需要学习下一个抽象层次。

出于这个原因，DL 研究者通常会说，浅层网络并不学习函数，只是对其进行了近似计算。

此性质与深度网络的基本性质相匹配。训练深度网络的计算复杂度随着网络深度呈指数下降。我们称这个性质为 Bengio 猜想。可以阅读 Mhaskar et al(2019)的证明。

当然，我们谈论的是理想网络，但是从理论的角度来看，我们有可能训练深层网络以使我们能规避或减轻模型训练中的维度灾难。

总之，我们不能指望网络为了可理解性而继续使用浅层网络；相反，DNN 将继续存在并变得更大更深(如在 GPT-3 中一样)，所以我们需要找到新的方法来解释它们。

好消息是，预计未来的 DNN 的可解释性将能够处理连续的抽象层次问题。

如有兴趣，可以将上一段中解释的 ResNet50 NN 的 25.5M 参数的优点可视化。

```
from tensorflow.keras.utils import plot_model
plot_model(model, to_file='model_plot.png',
show_shapes=True, show_layer_names=True
```

5.2.3　修正激活(和批量归一化)

为了使用梯度下降训练一个非常深的网络，必须计算一系列链式偏导数。具体做法是将误差从输出传回输入，并对过程中的所有权重进行更新。

所有的理论都可以根据从输出到输入的梯度通量来解释和推导。该理论的真正突破是，认识到训练非常深的网络的主要障碍是用作激活函数的 sigmoid 函数。

具体来说，逻辑函数在远离原点处的导数几乎为零。当神经元处于这种状态时，数据流不再通过该神经元向后传播，进入神经元的连接的权重不再改变，即神经元死亡。

现在，用 ReLU 函数训练神经网络：

$$\sigma(x) = \text{ReLU}(x) = \max(x, 0) \qquad (\text{式 } 5.2)$$

ReLU 函数始终为正数，对于正数，它的导数恰好是保留通量的导数。

所以，使用 ReLU 激活，我们可以训练非常深的网络。

遗憾的是，ReLU 函数的非线性和不连续性也会带来具有许多局部最小值的锯齿状损失函数。

因此，为了加快训练速度，我们必须使用正则化技术，或通过添加限制权重范数的显式项，或使用特定的神经网络方法，例如 dropout、早停法和批量归一化。

在本章的其余部分中，将简要介绍批量归一化，并解释为什么这种方法如此有效。

批量归一化是对网络必须逐层训练的批量样本进行归一化。

为了阐明这个概念，以简单线性模型的损失函数为例。按照实践要求，需要在训练模型之前对样本进行归一化，以使损失函数更加规律。

对于具有非归一化特征的损失函数，梯度下降往往会采取更多的步骤。单一步骤具有锯齿状的行为，使训练更加困难。

因此，在训练模型之前对样本进行归一化有助于模型的收敛。

批量归一化正是这样逐层进行的，它就像魔法一样有效。

在原始论文中，作者认为该方法的优点是减少了协变量偏移，但我们稍后会看到批量归一化有另一个重要作用，即减少梯度破碎。

5.2.4 显著图

掌握了这些技术知识，我们可以继续使用更恰当的 XAI。

在计算机视觉中，通常会谈到显著图，即指出图像中引人注意部分的图。在我们的示例中，用于检查显著图的模型取代了观察者。

我们已经接触了一个带有遮挡分析的显著图示例，现在有了使用网络内部工作的能力，我们将讨论基于梯度的显著图，它比纯黑盒方法更精确，计算速度更快。

一种不成熟的描述神经网络响应的想法是，进行敏感性分析或评估响应如何随着输入的变化而变化。根据 Simonyan et al. (2013)文章，我们可以计算：

$$敏感性 = \left(\frac{\Delta 输出}{\Delta 输入} \right)^2 \qquad (式 5.3)$$

这相当于将信息从输出类向后传播到图像的单个像素。

但是将 ReLU 用作激活函数会导致整个 DNN 难以区分。它们在分段中是局部线性的，因此它们的分段导数不变。通过导数进行的简单分析的结果非常不准确，无法区分不同类别，见图 5.8。

输入图像　　　　　　　　反向传播

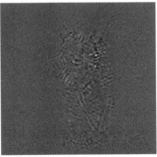

图 5.8　直接将输出类概率反向传播到输入图像像素这种方法非常不准确，不能区分不同类别

针对这个问题，已经有了几个部分的解决方案，每个方案都具有出色而强大的想法(我们列出了一些)。

5.3　打开深度网络

5.3.1　不同层解释

在计算机视觉神经网络中，图像通常首先经过卷积滤波器处理，然后通过全连接层和 softmax 函数得到类的概率。

我们已经知道，卷积滤波器具有通过平移保持不变的显著特性，所以知道猫在图中的位置并不重要，卷积滤波器仍然会对猫的存在做出反应。

另一方面，全连接层非常适合解码卷积层的输出，但平移完全破坏了其不变性。

有些方法不是从最后一层的输出开始神经网络的解释工作，而是从任意层的输出开始，甚至可能从不连接的神经元或过滤器组开始。由此，我们可以理解其用处。

下一个方法非常常用，是直接从最后一个卷积层获取输入输出。

5.3.2　CAM(类激活图，Class Activation Maps)和 Grad-CAM

CAM 方法是最早被设计出来的方法之一，也是最广泛使用的方法之一。

Zhou et al. (2016)的类激活图帮助我们了解图像的哪些区域会影响 CNN 的输出。

CAM 技术基于热力图，在不可知的情况下，类激活图突出显示图像的像素，这些像素推动模型将特定类别、特定标签与图像进行关联。

值得注意的是，在这种情况下，CNN 的各层表现为无监督的对象检测器。

CAM 技术的实现是通过在最后一个卷积层之后添加全局平均池化 (global average pooling)的特性来缩小图像尺寸并减少参数，从而减少过拟合。

全局平均池化层运作原理如下：

数据集中的每个图像类都与一个激活图相关联，并且 GAP 层计算每个特征图的平均值。

我们可以在图 5.9 中看到整个运作过程。

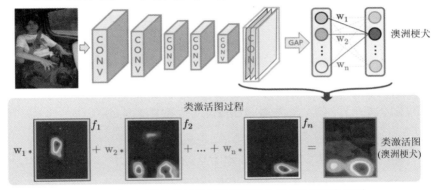

图 5.9　全局平均池化以特征的线性组合方式给出类激活图

CAM 模型假设最终得分总是可以表示为特征图的全局池化平均值的线性组合。因此，CAM 过程就是移除最后的全连接层，将 GAP 应用到最后的卷积层，并将缩减层的权重训练到类别中。

线性组合使我们得到最终的可视化。

这个过程虽然有效，但缺点是会改变网络结构并对其进行重新训练。此外，只有仅从卷积层开始应用，才能使用 CAM，因此 CAM 模型不适用于所有架构。

CAM 的演变起源于 Selvaraju et al.(2017) 的 Grad-CAM。Grad-CAM 不会重新训练网络，而是从卷积层出口处的梯度值开始，评估线性组合的权重，然后应用 ReLU 函数对其进行正则化，如图 5.10 所示。

为了获得热力图，Grad-CAM 计算相对于卷积层的特征图 A，y^c 的梯度(c 类的概率)。

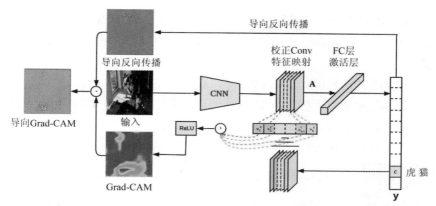

图 5.10　Grad-Cam 模式：通过基于梯度的定位对深度网络的视觉解释

这些反向传播梯度在 GAP 中被平均以获得权重 α_k^c。在式 5.4 中，求和表示全局平均池化，偏导数是通过反向传播的梯度：

$$\alpha_k^c = \frac{1}{Z} \sum_i \sum_j \frac{\partial y^c}{\partial A_{ij}^k} \qquad \text{(式 5.4)}$$

$$L_{Grad-CAM}^c = \mathrm{Re}\,LU\left(\sum_k \alpha_k^c A^k\right) \qquad \text{(式 5.5)}$$

最终贡献来自各个特征图的修正线性组合。

Grad-CAM 的主要缺点是，上述神经网络梯度问题引起的数值不稳定性。

5.3.3　DeepShap/ DeepLift

梯度问题从何而来？

前文提到，将 ReLU 作为激活函数，神经网络几乎总是局部平坦的，而梯度本身不连续。破碎梯度问题进一步扩大了这种情况(Balduzzi et al. 2017)。

正常神经网络中，梯度之间的相关性随着深度呈指数下降，直到获得白噪声模式。

破碎梯度问题的部分解决方案是确保激活函数的梯度不会失真来"治愈"激活函数。

目前，参考方法是 DL 重要特征(Deep Learning Important Geatures)或 DeepLift (Shrikumar et al. 2017)。

DeepLift 是一种分解单像素神经网络预测的方法。这是通过对网络中所有神经元对每个输入特征的贡献进行反向传播来完成的。DeepLift 将每个神经元的激活与其参考激活进行比较，并通过这种差异评估每个贡献的重要性。DeepLift 可以揭示其他方法中可能隐藏的依赖关系。事实上，与其他基于梯度的标准不同，DeepLift 还可以通过零梯度的神经元传递信息，这是破碎梯度问题的部分解决方案。

遗憾的是，要实现这一切，需要将每个激活函数替换为 DeepLift 的激活函数。因此，除非重新训练网络，否则只能通过代理模型完成 DeepLiftd 方法。

使用 SHAP 库中的 DeepLift 实现作为实际示例。从 Keras 教程中得到提示，我们在 mnist 数据集上训练了一个模型以对数字进行分类，然后我们启动深度解释器:

```
# DeepShap using DeepExplainer
# ...include code from https://github.com/keras-team/keras/
blob/master/examples/mnist_cnn.py

from __future__ import print_function
import keras
from keras.datasets import mnist
from keras.models import Sequential
from keras.layers import Dense, Dropout, Flatten
from keras.layers import Conv2D, MaxPooling2D
from keras import backend as K

batch_size = 128
num_classes = 10
epochs = 1

# input image dimensions
```

```
img_rows, img_cols = 28, 28

# the data, split between train and test sets
(x_train, y_train), (x_test, y_test) = mnist.load_data()

if K.image_data_format() == 'channels_first':
  x_train = x_train.reshape(x_train.shape[0], 1, img_rows,
  img_cols)
  x_test = x_test.reshape(x_test.shape[0], 1, img_rows,
  img_cols)
  input_shape = (1, img_rows, img_cols)
else:
  x_train = x_train.reshape(x_train.shape[0], img_rows,
  img_cols, 1)
  x_test = x_test.reshape(x_test.shape[0], img_rows, img_
  cols, 1)
  input_shape = (img_rows, img_cols, 1)

x_train = x_train.astype('float32')
x_test = x_test.astype('float32')
x_train /= 255
x_test /= 255
print('x_train shape:', x_train.shape)
print(x_train.shape[0], 'train samples')
print(x_test.shape[0], 'test samples')

# convert class vectors to binary class matrices
y_train = keras.utils.to_categorical(y_train, num_classes)
y_test = keras.utils.to_categorical(y_test, num_classes)

model = Sequential()
model.add(Conv2D(32, kernel_size=(3, 3),
                 activation='relu',
                 input_shape=input_shape))
```

```
model.add(Conv2D(64, (3, 3), activation='relu'))
model.add(MaxPooling2D(pool_size=(2, 2)))
#model.add(Dropout(0.25))
model.add(Flatten())
model.add(Dense(128, activation='relu'))
model.add(Dropout(0.5))
model.add(Dense(num_classes, activation='softmax'))

model.compile(loss=keras.losses.categorical_crossentropy,
            optimizer=keras.optimizers.Adadelta(),
            metrics=['accuracy'])

model.fit(x_train, y_train,
        batch_size=batch_size,
        epochs=epochs,
        verbose=1,
        validation_data=(x_test, y_test))
score = model.evaluate(x_test, y_test, verbose=0)
print('Test loss:', score[0])
print('Test accuracy:', score[1])
```

训练后，启动深度解释器：

```
#DeepShap using DeepExplainer
import shap
import numpy as np

# select a set of background examples to take an expectation
over
background = x_train[np.random.choice(x_train.shape[0], 100,
replace=False)]

# explain predictions of the model on four images
e = shap.DeepExplainer(model, background)
# ...or pass tensors directly
```

```
# e = shap.DeepExplainer((model.layers[0].input, model.
layers[-1].output), background)
shap_values = e.shap_values(x_test[1:5])

# plot the feature attributions
shap.image_plot(shap_values, -x_test[1:5])
```

在图 5.11 中，可以看到支持或反对数字归属于某个类别的所有像素。在第一张图片中，我们看到一个由蓝色像素形成的圆圈，这些蓝色像素是零类正确属性的缺失像素。在第三张图片中，两者被正确分类在二分类中，图片充满了红色像素。

图 5.11　DeepShap 为图像中的像素着色的类给出属性得分

5.4　对显著性方法的评判

5.4.1　网络所见

目前为止，我们已经了解了如何用显著方法突出显示图像中对模型输出影响最大的特征。

但是，这种处理方式有一个内在的限制，Cynthia Rudin (2019)的一段话清楚地说明了这一点：

"显著图通常被认为是可解释的。显著图有助于确定分类器省略了图像的哪一部分，但这会遗漏有关如何使用相关信息的所有信息。知道网络在图像中查看的位置并不能使用户得知网络对图像的那部分做了什么。"

显著图仅仅告诉我们网络所见,而不是网络所想。

也就是说,它为我们提供了特征重要性,但却无法说明分析该特征的过程。

本节将通过引用梯度流分析方面的出色成果,并在下一节中通过无监督方法,尝试回答这个限制。

5.4.2　可解释性逐层批量标准化

Chen et al. (2020)的一篇开创性的文章使人们重新重视起之前一直被低估的批量归一化。正如前文所提及,我们引入了批量归一化以防止神经元的输入过大,并促进损失函数倾斜下降和正则化,达到函数收敛,使其更接近原点。

Rudin 的工作再次展示了用于加速学习过程的方法是如何起源于 AI 可解释性的。

也就是说,每个对深层次拥有 AI 可解释性方法的需求如何产生更鲁棒、更有效的学习。

批量归一化响应哪个 AI 可解释性需求?

我们思考 CIFAR10 的经典示例:将图像分为十个不同的类别。

Rudin 想知道是否有可能在层与层之间遵循类的"概念"流,以及是否有可能构建一种新型的神经网络,设法逐层将概念(类)尽可能分开。

为了实现这一设想,他使用批量归一化过程并重新组织了每层中的信息(适当地应用线性变换),如图 5.12 所示。

我们很满意这个想法,但不在此深入讨论涉及的数学问题。

使用这种方式,可以训练特殊类型的网络,该网络能够跟踪从输入到输出的类信息流。

这项工作不仅向我们展示了如何根据可理解性的要求训练神经网络,而且还告诉我们,批量归一化是这种可理解性必不可少的处理。我们甚至可以把可解释性看作一种正则化过程。

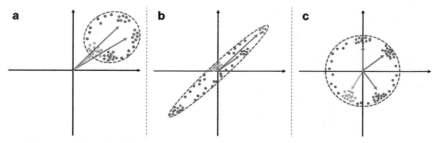

图 5.12   潜在空间中的数据分布。(a)数据不以平均数为中心；(b)未去相关的批
量归一化；(c)数据完全去相关(白噪化)。在(c)中，单位向量可以表示概念

把这一段作为对未来的预测：我们不知道未来的神经网络会是什么样
子，但敢肯定它们是可理解的！

5.5   无监督方法

在本节中，我们将了解到无监督方法如何帮助我们分析网络所学内容。

5.5.1   无监督降维

无监督方法是一个正在蓬勃发展的领域。

在本节中，我们将受限于使用降维这种经典用法。降维是一种非常有
效的方法，通过减少样本的特征量来控制维数灾难，同时，它允许我们在
低维空间中绘制数据集的模型表示。

我们举一个简单的示例，其中会用到两种最知名的技术：

主成分分析(Principal component analysis，PCA)和 t-SNE。PCA 是一种
线性变换，将数据集映射到一个沿着最大方差的维度，产生新特征的数
据集。

相反，t-SNE 是一种非线性方法，它利用 Kullback-Leibler 散度，使高
维空间和低维空间中的样本的统计特性相同。

可以用 sklearn，把 8×8 像素小图像的 64 维数据集映射到二维空间，

如图 5.13 所示。

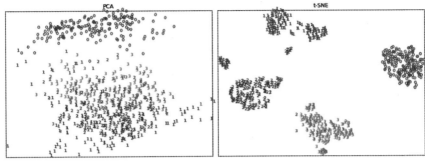

图 5.13　使用 PCA 和 t-SNE 降维，从 8×8 = 64 维减少到 2 维。

t-SNE 对聚类 MINST 数字更有效

```python
import numpy as np
import matplotlib.pyplot as plt
from sklearn import manifold, decomposition, datasets
digits = datasets.load_digits(n_class=4)
X = digits.data
y = digits.target
n_samples, n_features = X.shape

def plot_lowdim(X, title=None):
    x_min, x_max = np.min(X, 0), np.max(X, 0)
    X = (X - x_min) / (x_max - x_min)

    plt.figure(figsize=(8,6))
    ax = plt.subplot(111)
    for i in range(X.shape[0]):
        plt.text(X[i, 0], X[i, 1], str(y[i]),
                 color=plt.cm.Set1(y[i] / 10.),
                 fontdict={'weight': 'bold', 'size': 9})
    plt.xticks([]), plt.yticks([])
    if title is not None:
        plt.title(title)
```

```
#------------------------------------------------------------
# PCA

X_pca = decomposition.TruncatedSVD(n_components=2).fit_trans
form(X)
plot_lowdim(X_pca,"PCA")

# t-SNE
tsne = manifold.TSNE(n_components=2, init='pca', random_
state=0)
X_tsne = tsne.fit_transform(X)
plot_lowdim(X_tsne,"t-SNE")
plt.show()
```

可以从图像中看到相似的数字被分组。我们可以直观地感觉到 t-SNE
在聚类间留出更大的空间，做得更好。

5.5.2　卷积滤波器降维

为了帮助理解什么是激活图谱，我们展示了 Karpathy (2014)的一项工作。
Karpathy 使用 t-SNE 作为研究神经网络的无监督方法。

他从著名的 lexNet (Krizhevsky et al.2017)的第七层中提取了 4096 维的
输出，并将其提供给 t-SNE，如图 5.14 所示。

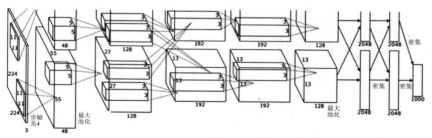

图 5.14　AlexNet 架构。一系列卷积滤波器和最大池化减少的其他卷积滤波器。在网络
的末尾，两个完全连接的稠密层使用 softmax 函数，输出 1000 个类向量

现在可以将 t-SNE 的输出视为神经网络所见图像的可能唯一的哈希码。在 Karpathy 的工作中，他使用哈希码对具有相对聚类的连接层进行二维表示。

通过在 NN 上显示图像，我们可以看到它们在 2D 空间中的映射方式，见图 5.15。

图 5.15　使用降维技术的图像集(Karpathy 2014)

可以看到通过使用降维算法，可以创建 CNN 网络上显示的图像的图集。

这种表示使我们能够在不详细分析的情况下理解网络的思维方式。网络显示它认为相似的附近图像，使我们能够隔离数据集中的错误(例如，同一个数字 5 聚类中的数字 1)并凭经验评估学习的有效性。振奋人心的是，

图 5.15 中看到所有动物都被组合在一起，但这也可能是某些对抗性特征的影响，而不是实际的语义分割。

要了解网络的真实思维方式，我们需要一个更精细的工具。

5.5.3　激活图集：如何区分炒锅与煎锅

CAM 方法使我们看到如何通过局部聚合单个卷积滤波器来从中提取信息，从而通过 GAP 的简单算术平均来降低它们的维度。然后我们看到了如何在减少滤波器的基础上进行类预测。

t-SNE 方法使我们看到了如何对整幅图像进行降维：先通过网络进行转换，然后取所有卷积滤波器的滤波器值，并将它们用作对图像的散列编码，然后将训练集的图像组织成二维网格。二维网格向我们展示了图像之间在类识别中从神经网络学习的某些度量的相似性。

现在我们进入下一步。

在最近的联合工作中，DeepMind 和 OpenAI, Carter et al.(2019)使用尺寸缩减来对卷积滤波器进行分类，而不是分类训练集图像。

也就是说，他们使用尺寸缩减不是为了了解 CNN 如何分类事物，而是用于识别事物滤波器的密度：激活图，见图 5.16。

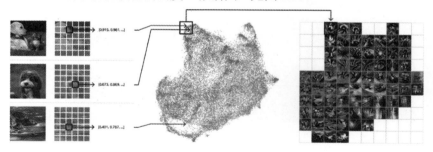

向网络提供 100 万张随机图像，每张图像有一个激活函数。　　每张激活图通过 UMAP 降到二维。相似的激活函数紧靠在一起。　　然后绘制一个网格并对单元格内的激活函数进行平均，并在平均激活函数上运行特征反转。还可以根据平均激活的次数选择网格大小。

图 5.16　向网络提供了 100 万张图像，每个图像有一个激活函数。

激活函数在维度上减少到二维。相似的激活函数彼此接近

　　激活图不仅可以让我们看到网络的想法，还可以更仔细地采集最常用的激活函数样本。

　　计算出彼此接近的激活函数后，对同一单元的函数进行平均计算，并在调整后的激活函数中，搜索哪些图像来自特征可视化技术。

　　从理论角度而言，结果是惊人的，但我们也要验证实际应用。

　　假设你是一名数据科学家，可能会被要求在寻求反事实答案的模型中找到错误的训练。

　　可视化图集技术是一种非常强大的技术，因为它可以将搜索还原为模型查看图像的方式。

　　假设我们想搜索网络对炒锅(或煎锅)的想法，或者，更准确地说，是什么能最大程度地激发 CAM 输出答案。

　　同时，当我们向网络上展示炒锅和煎锅的图片时，可以搜索响应最快的激活类别，见图 5.17。

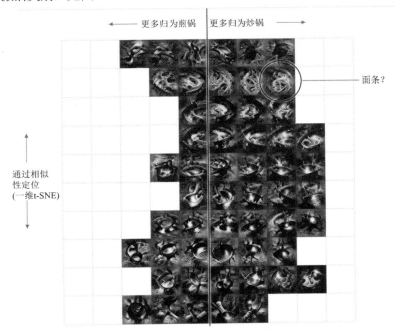

图 5.17　是煎锅还是炒锅？这些是识别煎锅和炒锅时反应最强烈的滤波器

可以看到激活图集展示了许多炒锅的例图,且其中一些炒锅里有面条。

如果我们将模型视为(例如炒锅和煎锅的)判别器,可以看到,在煎锅的可视化图集中没有面条,如图 5.18 所示。

1.	煎锅	76.5%
2.	炒锅	15.8%
3.	火炉	5.4%
4.	锅铲	1.0%
5.	荷兰锅	0.5%
6.	搅拌碗	0.2%

1.	炒锅	63.2%
2.	煎锅	35.1%
3.	锅铲	0.6%
4.	焖罐	0.5%
5.	搅拌碗	0.1%
6.	火炉	0.1%

图 5.18 我们有一个完美的面条鉴别器

也许我们发现了一个反事实特征,事实上,通过在煎锅的照片上叠加贴上面条的图像,我们可以让神经网络相信它看到了炒锅。

唉,我们的神经网络实际上是一个面条鉴别器。

5.6　小结

- 在不可知方法的背景下,引入了鲁棒学习和可解释性之间的并行性。
- 引入了对抗性特征和增强方法。
- 对比用作增强方法的遮挡和用作不可知 XAI 方法的遮挡。

- 通过介绍神经网络的结构、公式和收敛问题来介绍神经网络。
- 回答了 DNN 的需求问题并引入了批量归一化概念。
- 通过引入显著性概念、从不同层开始的解释以及 CAM(类激活图)和 Grad-CAM 方法来打开神经网络。
- 引入了 DeepLift 作为梯度破碎问题的解决方案。
- 通过批量归一化展示了一项关于可解释性的工作，对显著性方法进行评判。
- 引入了无监督方法，使用尺寸缩减来表示网络所学内容的进行语义表示。
- 引入了能够向我们展示网络如何看待世界的激活图集。

参考文献

Balduzzi, D., Frean, M., Leary, L., Lewis, J. P., Ma, K. W. D., & McWilliams, B. (2017). The shattered gradients problem: If resnets are the answer, then what is the question? *arXiv preprint arXiv:1702.08591.*

Bottou, L. (2019). *Learning representations using causal invariance.* Institute for Advanced Studies talk at https://www.youtube.com/watch?v=yFXPU21MNdk&t=862s.

Carter, S., Armstrong, Z., Schubert, L., Johnson, I., & Olah, C.(2019). Activation atlas. *Distill, 4(3),*e15.

Chen, Z., Bei, Y., & Rudin, C. (2020). Concept whitening for interpretable image recoggnition. *arXiv preprint arXiv:2002.01650.*

Cybenko, G. (1989). Approximation by superpositions of a sigmoidal function. *Mathematics of control, Signals, and Systems,* 2(4),303-314.

Hornik, K. (1991). Approximation capabilities of multilayer feedforward networks. *Neural Nerworks, 4(2),* 251-257.

Karpathy, A. (2014). *t-SNE visualization of CNN codes.* https://cs.stanford.edu/

people/karpthy/cnnembed/.

Krizhevsky, A., Sutskever, I., & hinton, G. E. (2017). Imagenet classification with deep convolutional neural networks. *Communications of the ACM, 60(6),* 84-90.

Mhaskar, H., Liao, Q., & Poggio, T. (2019). Learning functions: When is deep better than shallow. *arXiv:1603.00988.* https://arxiv.org/abs/1603.00988.

Nakkiran, P., Kaplun, G., Bansal, Y., Yang, T., Barak, B., & Sutskever, I. (2019). Deep double descent: Where bigger models and more data hurt. *arXiv preprint arXiv:1912.02292.*

Rudin, C. (2019). Stop explaining black box machine learning models for high stakes decisions and use interpretable models instead. *Nature Machine Intelligence, 1(5)*, 206–215.

Selvaraju, R. R., Cogswell, M., Das, A., Vedantam, R., Parikh, D., & Batra, D. (2017). Grad-CAM: Visual explanations from deep networks via gradient-based localization. In *Proceedings of the IEEE international conference on computer vision* (pp. 618–626).

Shrikumar, A., Greenside, P., & Kundaje, A. (2017). Learning important features through propagating activation differences. *arXiv preprint arXiv: 1704.02685.*

Simonyan, K., Vedaldi, A., & Zisserman, A. (2013). Deep inside convolutional networks: Visualising image classifcation models and saliency maps. *arXiv preprint arXiv:1312.6034.*

Vapnik, V. (2000). *The nature of statistical learning theory.* New York: Springer.

Zeiler, M. (2013). *Visualizing and understanding convolutional networks.* https://arxiv.org/abs/1311.2901.

Zhou, B., Khosla, A., Lapedriza, A., Oliva, A., & Torralba, A. (2016). Learning deep features for discriminative localization. In *Proceedings of the IEEE conference on computer vision and pattern recognition* (pp. 2921–2929).

第 6 章
用 ML 和 XAI 创造科学

> "研究中最难的部分通常在于找到一个足够大、值
> 得回答，但又足够小，真正能够回答的问题。"
>
> ——Edward Witten

本章内容
- 如何使用 ML 和 XAI 建立物理模型
- 创造科学需要因果关系吗
- 如何在科学中有效地使用 ML 和 XAI

在本书的开始，我们试图阐明可理解性和可解释性这两个术语之间的区别。我们认为"可理解性是理解 ML 模型的机制可能性，但理解这一点并不足以回答'为什么'的问题——也就是关于特定事件原因的问题"。第 1 章的表 1.1 中(不必急着翻回去查看，我们会在下文中再次提到之前的内容)提供了一套基于问题的操作标准，来将可理解性看作可解释性的更简单形式。可解释性能够回答有关使用新的数据时会发生什么的问题，如"如果我做 x，会影响 y 的概率吗？"还能够解决反事实案例，解答缺失了某些特征(或值)后，会有什么变化这样的问题。可解释性是一种将未观察到的事实转化为整体理论的理论，而可理解性仅限于理解已经存在且显而易见的事实。问题是：为什么要在关于用 ML 创造科学的本章再次讨论这一点？简而言之，可解释性正是我们攀登"因果关系阶梯"所需要的，我们将在稍后进行讨论。我们将在"知识发现"领域使用到 XAI，并且重点关注科

学知识。回想一下我们已经讨论过的内容：

知识发现(knowledge discovery)是解释起来最复杂的 XAI 应用程序，涉及的 ML 模型不仅用于预测，还用于增加对特定过程、事件或系统的知识和理解的情况。我们将在本书中进一步讨论采用 ML 模型来获得科学知识的极端情况，在这种情况下，若不提供解释和因果关系，仅凭预测结果是不足以获得科学知识的。

本章的主要目的是亲身感受如何使用 ML 和 XAI 来获得知识，并研究一个超出 ML 的通常范围进行预测的真实的物理系统。我们将使用此设想来阐明利用 ML 进行科学研究面临的所有限制、机遇和挑战。

6.1   数据时代的科学方法

Google 如何通过对页面进行排序，让你找到最适合你的搜索结果？或者说，Google 如何将广告和用户偏好相匹配？我们的答案就在 Peter Norvig(Google 市场调研总监)说过的一句话中："所有的模型都是错误的，没有模型，你会愈加成功。"。

Google 的成功并不是由于对页面内容的"理解"。没有语义或因果分析，它只是一个基于设置排序链接相对数量的复杂算法。这种方法正逐渐被科学界采用，并可能取代传统的科学方法。为了理解某种现象，科学家依赖于模型构建：他们试图缩小影响结果的基本变量，基于这些变量构建一个近似模型，并通过实验测试模型。

迭代过程是(1)做出假设，(2)建立模型，(3)做实验来检验模型。数据时代可能会用一个新的方式来取代这一过程：我们不再需要建立模型，只要有相关性就足够了，我们的目标是预测结果，只需要在学习阶段为问题 ML 系统提供大量数据，然后就可以得到结果。

虽然这两种选择过于简单化，但仍然要考虑很多事情。一方面，科学，特别是物理学研究，已经发展到了难以实验或根本不可能实验的阶段(比如宇宙学)，因此，依靠 ML 得到的有效预测比依赖仅凭精美的数学概念驱动的精致模型更有意义。另一方面，我们能否仅仅从应用于物理的 DNN 而不是从模型中获得的真正理解，这一问题仍然有待解决。这个问题就是我们想在本章中利用 XAI 来回答的问题。

接下来，我们将讨论和回答问题的真实情况，给出关于一维阻尼摆在不同时间的位置的预测。这是一个简单的物理系统，可以用物理学和数学的基本知识轻松解决。观测在不同时间 t_i，摆锤 x_i 的位置，并记录为一系列数组。训练后 ML 系统的问题是："时间 t_k 时的摆锤在哪里？"。你可以轻易发现，这还不足以说明我们对摆锤的物理学性质有了充分的了解。接下来学习如何使用 XAI 来理解该问题。

在进行详细研究之前，我们需要对这个案例做进一步的分析。这对于有 ML 基础的读者来说是新奇的，但我们想强调这与我们此前所研究的有所不同。本书中开发的应用程序可以处理有监督和无监督的 ML 模型，可是我们从未遇到过像本案例中这样的时间序列。

如前所述，本案例中，我们想要预测阻尼摆在时间 t 时的位置 x，如图 6.1 所示。

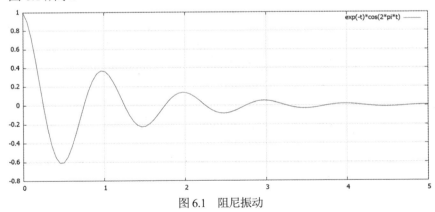

图 6.1　阻尼振动

本案例中，我们没有前面示例中常见的输入和输出特征(比如第 4 章中，我们根据进球数等比赛指标，预测并理解了用于评选足球比赛最佳球员奖的最重要特征)。时间序列需要被重新构建为一个监督学习数据集，使用"特征工程"来构建用于预测的输入(这种情况下，输入是摆锤的位置)。

基本上，通用时间序列如下表 6.1 所示：

表 6.1　时间序列

时间	值
$t1$	值 1
$t2$	值 2
$t3$	值 3

另外，我们需要将数据组(时间、值)转化为能适应常见的监督学习模型的形式，见表 6.2。

表 6.2　监督学习

特征	值
$t1$	输出 1
$t2$	输出 2
$t3$	输出 3

从数据列创建的最常见的特征类别如下。

日期-时间特征(Date time feature)：这一特征是每次观察的时间戳，例如，这个特征可用于找出目标变量的循环模式和周期。

滞后特征(Lag feature)：这一特征是前一时间的值。基本假设是目标在时间 t 处的值受前一时间步的值的影响。过去的值称为滞后(lag)。

窗口特征(Window feature)：这一特征是固定时间窗口内目标变量的聚合统计值。也称滚动窗口法，因为对于在不同数据点(如滚动平均)，计算统计值的时间段不同。

领域特征：这一特征是特征工程的基础，该领域知识和数据指导选择模型的最佳特征。

因此，特征从时间序列转换到监督案例情况如表 6.3 所示。

表6.3　从时间序列到监督学习

将时间序列转换为监督学习

监督学习		时间序列		从时间序列到监督		
x	Y	时间	量	时间	x 时的滞后 1	Y
5	1	1	1	1	?	1
6	0	2	0	2	1	0
9	1	3	1	3	0	1
8	0	4	0	4	1	0
9	1	5	?	5	0	?

不过，对于我们的目标来说，使时间序列转换为监督学习还不够。因此我们可能会使用全监督学习机制进行预测，那么，该如何学习阻尼摆的物理性质呢？

根据我们目前为止的进度可知，XAI 正是问题的答案：从 ML 模型中提取解释，该模型是为了预测时间序列特定转换后的摆锤位置而建立的。这种情况下的解释应该可以使我们能够学习摆锤的物理性质。但遗憾的是，情况并非如此，至少在一般意义上，迄今为止解释的技术不足以获得我们正在寻求的科学知识。

我们不知道时间序列的特征工程可能会生成多少特征，但 XAI 方法将生成有关最重要特征的解释，对其进行排序，并回答特定数据点的特定问题(如使用 SHAP 所得)，但这还不够。这个层次就是我们所说的"可理解性"，但这里我们需要回答知识发现领域的问题：发现因果关系，并回答关于不可见数据的问题。

当验证我们所说内容时发现，仅仅依靠弹簧常数和阻尼因子无法得到摆锤的物理模型，从而无法获得对该系统的全面理解。XAI 方法不会将这两个物理变量识别为求解阻尼摆物理性质所需的变量。

为获得全面理解，我们需要一种不同的方法，这是本章的核心内容。但在详细介绍之前，我们需要攀登"因果关系阶梯"，以更好地理解：

(1) 我们介绍的 XAI 方法在应用于知识发现时有局限性。

(2) 根据上一点，彻底阐明可解释性与可理解性的区别。我们已经掌握了一些技巧，可以通过阻尼摆的真实情境来深入研究这个问题。

6.2　因果关系阶梯

在第 1 章中，我们用表 1.1 来区别可理解性(interpretability)和可解释性(explainability)。简明起见，本章再次给出此表，并将其作为我们论证的核心，见表 6.4 所示。

回顾 Gilpin 的话："我们的立场是，仅有可理解性是不够的。为了让人们相信黑盒方法，我们需要可解释性——能够总结神经网络行为的原因、获得用户的信任、或解释做出决策的原因的模型(Gilpin et al. 2018)。"为了区别可理解性和可解释性，下表使用了两组不同的问题，有的问题在可理解性领域是无法回答的。为了理解这些科学知识的基础问题，我们将遵循 Pearl & Makenzie(2019)关于因果关系的开创性研究，在本章中更好地阐述。

表 6.4　通过以下问题的答案来分析可理解性和可解释性的差异

问题	可理解性	可解释性
哪些重要特征更适用于进行预测和分类	✅	✅
输入出现微小变化是否会导致输出发生改变	✅	✅
模型是否依赖于大量的数据来选择重要特征	✅	✅
做出决策所依据的标准是什么	✅	✅
若向数据中不存在的特征中输入不同值，输出将如何变化	❌	✅
如果某些特征或数据没有出现，输出将如何变化	❌	✅

Pearl 研究路线的核心可以用因果关系阶梯图来概括，见图 6.2。

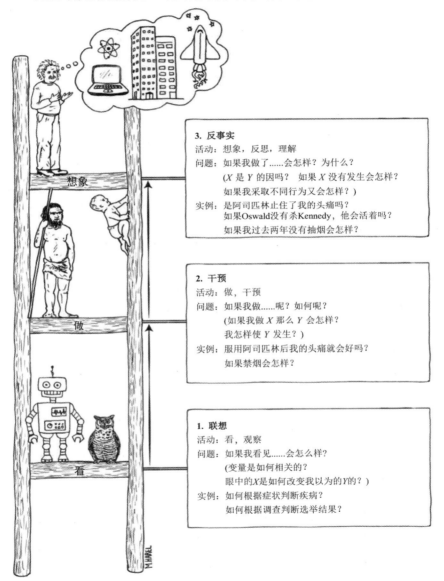

图 6.2　因果关系阶梯(Pearl & Makenzie 2019)

攀登因果关系阶梯需要三种不同类型的认知能力:观看、行动和想象。最高层次,即想象,使得人类从智人时期到数据时代能够取得举世瞩目的进步。早在智人时期,古人类已经在用想象来考虑可能发生的情况,为狩猎做准备意味着为可能发生的"不可见的"事情做计划。

在阶梯的底部是与观看和观察活动有关的联想。我们在这里所做的就是从手中大量数据中寻找模式和规律,目标是找到可以帮助我们进行预测的相关性,以便观察一个事件改变另一事件的概率。

该领域的经典示例来自市场营销。想象一下,作为一名营销总监,他想了解买了 iPhone 的顾客同时购买 iPad 的可能性有多大。获得答案需要收集数据、细分顾客以及关注购买 iPhone 的人群。然后就可以计算这些人中购买 iPad 的比例,这只是一种根据现有数据计算给定事件的条件概率的方法: P (iPad|iPhone)。

当我们解释线性回归或逻辑回归的 XAI 方法时,只需这样做:在数据中搜索不一定与因果关系相关的相关性。购买 iPad 并不是购买 iPhone 的原因,反之亦然,但就营销目的而言,了解这两件事之间的关联程度就足够了。来自第一级阶梯的预测基于被动观察,相关的 XAI 方法回答了可理解性序列中的问题。从市场营销示例回到阻尼摆问题,我们可以通过时间序列的特征工程来预测摆锤的位置,也可以在没有知识发现的情况下用 XAI 缩小最重要的特征的范围。正如 Searle 所说:"进行好的预测不需要好的解释。即使猫头鹰不知道为什么老鼠总是从点 A 到点 B,仍可以是一个很好的猎手。一些读者可能会惊讶于我把当今的学习机器放在因果关系阶梯的第一级,智慧水平与猫头鹰相当。"

但随着对第二级和第三级阶梯的研究可知,把学习机器置于因果关系阶梯的第一级实乃明智之举。接下来,我们将利用 ML 和 XAI 的最新进展学习如何处理问题,并进行科学研究。

攀登至第二级阶梯,我们在该领域不仅能"看"还能"做",这与第一级不同,在第一级中,只是对现有数据进行关联。在本例中,我们想知道如果我们执行特定操作,预测将如何变化。

可理解性和可解释性的区别有些微妙。还记得第一个阶段的营销案例吗？在这个案例中，我们调查了以 iPhone 销售为前提条件的 iPad 销售情况。第二级的典型问题是：如果 iPhone 的价格提高一倍会怎么样？这会改变 iPad 销售情况与 iPhone 销售情况之间的联系吗？要回答这类问题，我们不能只简单依靠现有数据。尽管我们可能会在庞大的数据库中找到有关 iPad 价格翻倍的数据，但这与我们将 iPhone 价格翻倍对当前市场的干预完全不同。我们发现的现有数据可能指的是一个完全不同的背景，不同的原因(比如供应不足)导致价格翻倍。但在这里，我们想知道的不是以 iPhone 在特定价格下销量为基础条件的 iPad 销售概率，而是在价格翻倍干预措施前提下，以 iPhone 销量为基础条件的 iPad 销售概率。总的来说，正如 Pearl 的因果关系图所示：

P(iPad|iPhone) is different from P(iPad|do(iPhone))

我们如何才能做到干预这一步呢？通常的做法是在受控环境中进行实验，就像亚马逊等大公司通常做的那样，向选定的一组顾客更改或推荐不同价格的商品，以获得相应结果。如果无法实验，另一种方法是做关于顾客的"因果关系模型"(causal model)，包括市场条件。这个因果关系模型是从第一级观测数据出发，回答第二级假设明确干预的问题的唯一途径。

尽管"干预"一词并不常见，但它其实渗透在我们的日常生活中。每当我们决定服用药物治疗头痛时，实际是在进行第二级干预，在干预中，我们潜意识地模拟药物与头痛之间的因果关系模型。我们的想法基于"受控"实验，即实验表明该药物可以消除头痛。但在攀登第三级阶梯前还有最后一步，那就是纯粹的科学知识。第三级是反事实领域，比如："如果我选择其他方法会怎么样？"改变过去与干预不同，这意味着要改变已发生的事情，然后查看结果。世界上并不存在过去已做过的某个动作或行为还未发生这种事。这就是第三级的活动被称为想象的原因。

如果我没有吃药会发生什么？实际上回答此问题的数据并不存在。尽管如此，但这正是我们所需要的，也是我们研究科学所用的方式。物理学定律可以被认为是反事实论断。再次回想阻尼摆，一旦你了解了该系统的物理性质，你就会知道，只有两个变量控制摆锤的动力学特征：弹簧常数和阻尼因子(我们稍后会详细介绍)。根据这两个常数，我们有了可以预测

任意时间 t 摆锤位置的全函数关系。那么如何得到因果关系模型？从第一级的联想开始，到第二级，在这一阶段，科学家可能会在不同条件下、用不同的弹簧常数值和阻尼因子进行阻尼摆实验，以期到达第三级，达到这一阶段就可以回答任何可能的摆锤实例问题。拥有因果关系模型意味着，现实世界中对摆锤时间序列的真实观测值和想象世界中相同常数的假设值之间并没有区别。

回到市场营销的案例，在第三级阶梯可以回答这样的问题："原先购买 iPad 的消费者在价格翻倍后仍会购买的概率是多少？"在现实世界中，这种情况并不会发生，但可以根据模型来回答这个问题。

第三级是进行科学研究所需因果关系建模的合适等级。作为可理解性的加强版本，可解释性能够与 XAI 方法一起回答第一级和第二级的问题。我们将在下一节学习如何切实运用 XAI 方法，这将允许我们使用 ML 获得真正的科学知识。到目前为止所说的方法中，与仅搜索最重要特征不同，XAI 方法将处理建立阻尼摆物理特性的适当表示，以允许 ML 回答属于第三级的问题。

在学习下一节之前，我们向你推荐一个很有趣的简短的选学内容，它不是获取其余部分核心的基础，但会进一步详细说明因果知识的问题。接下来，我们将讨论 Pearl 的迷你图灵测试。

迷你图灵测试解决的问题是：ML 系统如何表示因果知识以回答一个简单事件中的第三级问题？这是我们在第 1 章中讨论的原始图灵测试和 Searle 的中文房间的变体。我们通过 Pearl 提出的一个示例来稍作了解。这是一个关于行刑队的示例，在行刑队中发生了一系列戏剧性的事件：上尉收到了法庭即刻枪决囚犯 D 的命令(CO)，并将命令传递给两名士兵。士兵任务是收到命令后才会开火，只要他们中的任何一人开火，囚犯 D 必死无疑。假设我们的 ML 系统是在记录具有不同状态五个变量的不同数据集之上训练的。

从因果关系的不同阶梯举例提问：

阶梯 1：若 D = true(囚犯死亡)，是否意味着 CO = true(命令已传达)？

这一问题毫无价值，即使没有任何深入的因果关系图，答案也是肯定的。对于我们的 ML 来说，跟踪五个变量的关联性就足以做出正确的预测(如图 6.3)。

阶梯 2：若士兵 A 决定在没有命令的情况下开枪会怎么样? 这个问题有些棘手。让我们看看因果关系图会如何变化(见图 6.4)。干预消除了 CO 和 A 之间的联系，A 为 true 时，CO 不一定为 true，由于 A 开枪，无论 CO 的值为何，囚犯必定死亡。这就是从阶梯 1 到阶梯 2 的 "看" 和 "做" 之间的区别。B 未受干预，干预前 A 和 B 必然是耦合的，都取决于 CO。我们的干预使 D = true, A = true, B = CO =false 成立。假设 ML 系统没有这个事件的因果表示，它将无法通过迷你图灵测试，因为 ML 将接受数千条处决记录的训练，但 "通常情况下" 所有变量全都是 "true" 或 "false"。在没有事件之间关联的因果表示的情况下，说服 A 不要开枪，ML 系统将无法回答囚犯身上会发生什么这一问题。阶梯 3 中问题的逻辑也是如此：

阶梯 3：假设 D = true，囚犯已死。如果 A 不开枪，会发生什么? 这就是将真实世界与虚拟世界进行对比，在虚拟世界中，A 没有开枪。因果关系图帮助我们明晰了 CO = true, B = true, D = true 的情况(见图 6.5)。

在想象世界中囚犯也是难逃一死的。

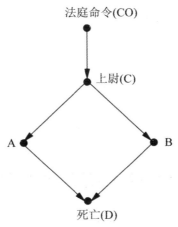

图 6.3　行刑队示例的因果关系图(Pearl & Makenzie 2019)

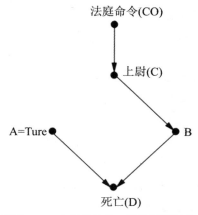

图 6.4 干预案例，移除 A、C 之间的关联，假设无论 C 为何值，A 都为 true
(Pearl & Makenzie 2019)

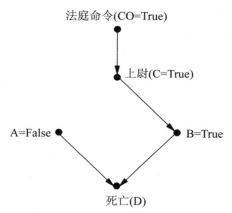

图 6.5 反事实推理，设 D 为死亡，如果 A 没有开枪，会发生什么？
(Pearl & Makenzie 2019)

6.3 用 ML 和 XAI 发现物理概念

基于前面章节中讨论的内容，我们现在已准备好攀登因果关系阶梯，通过 ML 和 XAI 获得阻尼摆的物理性质。

　　简要重述流程：ML 解决阻尼摆等问题的常用方法是在经过一些特征工程后，设置一个神经网络对时间序列进行训练。这可以很好地预测摆锤在不同时间的位置，我们可以使用在前几章节中学习的 XAI 方法来了解最重要的特征。但这并不能使我们继续攀登到因果关系阶梯第三级，即反事实和知识发现阶段，在这个示例中就是阻尼摆的物理性质。本节将展示如何应对这一挑战，我们需要改变我们的思考方法，依靠不同类型的神经网络，更关注正确"表达"，而不仅仅是预测。为此我们将采用 ML 领域众所周知的自动编码器，但着眼于知识发现这一特定目的。

6.3.1　自动编码器的魔力

　　当前 ML 中人工神经网络的体系架构是由大量的层和成千上万的节点以不同方式连接而成的。不同的连接拓扑产生了网络的特定行为，并塑造了它们执行特定计算任务的能力。

　　前馈神经网络可能如图 6.6 所示：

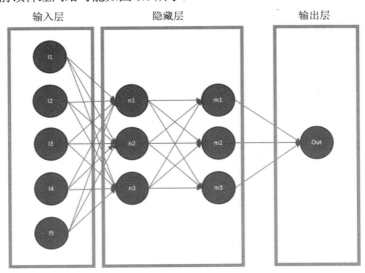

图 6.6　通用前馈神经网络

输入层将值转输到内部层，内部层进行计算以生成输出。众所周知，NN 的训练过程基本上是找到内部层中每个节点的正确权重然后产生正确输出。我们再次提及一般前馈神经网络，就是为了将其与自动编码器的逻辑进行比较。

自动编码器是一种特定类型的 NN，它不用于预测，而是用于将提供的输入复制为输出。这听起来可能有点愚蠢，然而我们来看图 6.7 所示的拓扑。

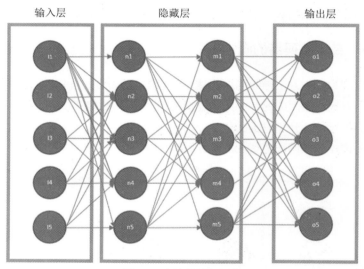

图 6.7　全连接神经网络

图 6.7 是个全连接 NN 模型，显然如果我们的目标只是复制输出，那么训练将生成一个类似下面的解决方案，一种没有附加值，只将输入传到输出的单位矩阵，如图 6.8 所示。

但现在设想一下减少隐藏层中的节点数，如图 6.9 所示，这样自动编码器就不能简单地将输入"传送"到输出了，而是被迫进行压缩之类的工作，以达到复现输入的目的。

输入层　　　　　　　　　隐藏层　　　　　　　　　　输出层

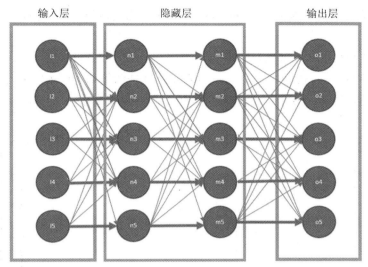

图 6.8　琐碎的神经网络拓扑

输入层　　　　　　　　　　　　　　　　　　　　　　输出层

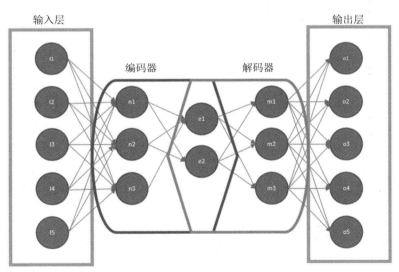

图 6.9　自动编码器拓扑

减少内部层的节点数有助于自动编码器以压缩的方式表达信息。基本上，自动编码器遵循以下两步骤：编码阶段，减少输入；解码阶段，"重构"输入以提供输出。这种情况下，损失函数将测量输出与输入之间的差异。

更通用的体系架构如下所示：

注意，解码器通常具有与编码器部分相同的(镜像的)架构，但不是必须如此，如图 6.10 所示。假设你将一个手写数字作为输入，流程如图 6.11 所示。

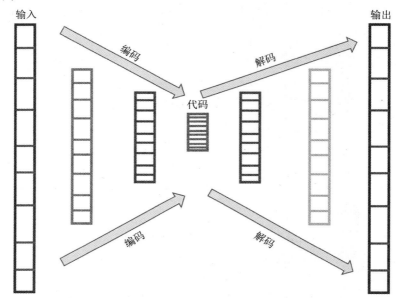

图 6.10   自动编码器工作流程

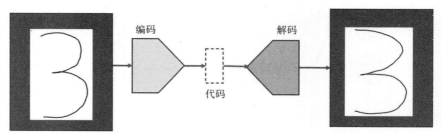

图 6.11   自动编码器识别数字

你此刻可能在想：这些东西和我们获得阻尼摆物理特性的目标有什么

关系呢？别着急，我们可以预料答案是在编码-解码过程中能看到的“代码”层。理解物理性质意味着使用自动编码器找到物理系统的最“紧凑”表示，即找到相关的物理变量，以获得阻尼摆的完整模型。

我们此处说的“代码”也称为潜在空间表示(latent space representation)，即包含压缩信息以复制输入的层(示例中的数字 3)，将包含阻尼摆的物理性质。

在着手解决阻尼摆的具体问题之前，我们需要做的唯一一个额外步骤是，我们将使用一个工具，其名称与自动编码器稍有不同：变分自动编码器(variational autoencoder，VAE)。与 AE 相比，VAE 的主要特点是其不仅学习函数以获得输入的压缩形式，而且是一种生成模型。VAE 学习一个函数，该函数还能够围绕输入学习的“模型”生成变化，这就是我们一直以来的追求：除了要解决特定的阻尼摆案例，我们还想学习所有阻尼摆的物理性质来回答关于变化的问题。

6.3.2　利用 ML 和 XAI 发现阻尼摆的物理特性

在讲解了一系列理论之后，再次明确我们想要解决的实际场景。作为 XAI 专业研究人员，我们需要用 ML 了解一个系统的物理知识。我们发现，想要回答阶梯第三级的问题，仅仅做预测和使用普通的 XAI 技术是不够的。我们将用一个物理系统来解释该方法，此物理系统是一个基于 Iten et al.(2020)的阻尼摆。无需赘述，这是一个非常简单的物理系统，但尽管如此，它能够指明为实现目标所需的方向和技术。

我们有一个时间序列 x_t，其中 x_{ti} 表示了摆锤在时间 t_i 时的位置。训练后，我们希望通过 ML 系统实现的两个目标如下：

(1) 预测一组新时间 t_k 时的位置。

(2) 找到最紧凑的表示，以发现系统的物理性质。

虽然(1)可以通过标准的时间序列方法实现，但是我们将利用变分自动编码器来处理第(2)点。我们将强制 NN 最小化潜在表示中的神经元数量，期望是经过训练并检测其预测足够精准后，检查这些神经元从而获得系统的物理特性。

一般情况下，我们对要研究的系统一无所知，因此我们会选择启动数量最少的潜在神经元，以找到最佳的表示形式。然后，我们将进行预测，如果测试数据的准确性较低，我们会增加潜在表示中的节点数。否则，我们将把潜在表示中储存的权重视为物理系统的良好模型。这些值将代表充分描述阻尼摆的物理值。

图 6.12 展示了 VAE(b)的总体结构，以研究阻尼摆，并将其与我们在物理模型系统(a)中遵循的一般方法进行比较：我们先进行观察，然后建立数学表示，并使用此表示预测不同情况下的输出。

在自动编码器的示例(图 6.12b)中，实验观察结果以压缩表示进行编码。解码过程是根据学习到的表示，预测摆锤(或一般物理系统)在特定时间的位置。这种表示被称为潜在表示，我们主要关注的是这种表示，以了解这种表示在多大程度上能够学习和再现系统的物理特性。通过各种 ML 模型可以预测摆锤的位置，但我们在这里所做的是限制潜在表示中的节点数，以获得物理特性。比如，我们可以使用深度多层神经网络获得 99.99% 的准确预测，但这样无法得到物理特性。

(a)　　　　　　　　　(b)

图 6.12　人类学习(a)与 SciNet 神经网络(b)的学习表示(Iten et al. 2020)

我们可以简单地查看一下代码，关注最重要的部分。代码取自并改编自我们已经引用过的工作(Iten et al. 2020)和 Dietrich(2020)执行的结果。

为了达到我们的目的，我们使用上述作者提供的训练模型，然后对结果进行评论。

```
import torch
import numpy as np
```

```
from models import SciNet
from utils import pendulum
from matplotlib import pyplot as plt
from mpl_toolkits.mplot3d import Axes3D
```

```
# 加载训练模型
scinet = SciNet(50,1,3,64)
scinet.load_state_dict(torch.load("trained_models/scinet1
.dat"))
```

```
# 设置摆锤参数
tmax = 10
A0 = 1
delta0 = 0
m = 1
N_SAMPLE = 50
  for ik, k in enumerate(np.linspace(5,10,size)):
    for ib, b in enumerate(np.linspace(0.5,1,size)):

    tprime = np.random.uniform(0,tmax)
    question = tprime
    answer = pendulum(tprime,A0,delta0,k,b,m)
    if answer == None:
        continue
    x = np.linspace(0,tmax,50)
    t_arr = np.linspace(0,tmax,N_SAMPLE)
    x = pendulum(t_arr,A0,delta0,k,b,m)
    combined_inputs = np.append(x, question)
    results = scinet.forward(torch.Tensor([combined_inputs]))

    latent_layer = scinet.mu.detach().numpy()[0]


    neuron_activation[0][ik,ib] = latent_layer[0]
```

```
neuron_activation[1][ik,ib] = latent_layer[1]
neuron_activation[2][ik,ib] = latent_layer[2]
```

SciNet 是我们使用的 NN 的名字，通过线条，我们看到如何通过 torch 开源库收集结果。

对我们来说，研究潜在层(假设预测是好的，下文将会进一步解释)以查看相关物理变量是很重要的。

图 6.13 显示了阻尼摆的真实时间演变与预测时间演变的对比以及 SciNet 学习的表示。激活图(b)清楚地显示，SciNet 使用潜在表示三个神经元中的两个来储存弹簧常数 k 和阻尼因子 b。第三个神经元并没有用来进一步确认阻尼摆的所有物理性质都"压缩"在潜在表示的两个有意义的变量中这一结论。

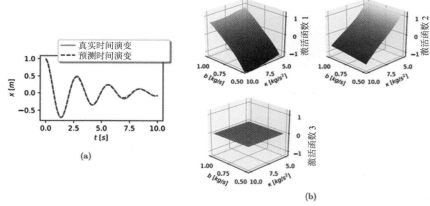

图 6.13 阻尼摆(a)真实时间演变与 SciNet 预测轨迹的比较，(b)激活图，
SciNet 使用三个潜伏神经元学习的表示(Iten et al. 2020)

图 6.14 直接摘自 Iten et al.(2020)成果，非常有助于总结问题和研究结果。

这个"简单"的案例展示了如何使用 ML 和 XAI 进行知识发现的大致思路。正如 Iten et al.(2018)所评论的那样，这并不是获得潜在变量解释的完整解决方案。用术语来说就是，我们正试图达到阶梯的第三级，但尚未达到。在这个特定的示例中，通过对比潜在表示与我们从物理学中得到的阻尼摆的著名模型，我们得到了知识发现。一般来说，我们希望无需任何物理指导就能通过学习到的表示来获得这种知识发现。我们将在 6.4 节中看到以这种方式进行科学研究的最有前途的方向。尽管存在局限性，但我们认为，改变视角、观察 ML 模型不仅仅是为了进行预测，而且是要洞察和理解我们正在研究的系统，这才是其令人印象深刻之处。

Problem: Predict the position of a one-dimensional damped pendulum at different times.

Physical model: Equation of motion: $m\ddot{x} = -\kappa x - b\dot{x}$.

Solution: $x(t) = A_0 e^{-\frac{b}{m}t}\cos(\omega t + \delta_0)$, with $\omega = \sqrt{\frac{\kappa}{m}}\sqrt{1 - \frac{b^2}{4m\kappa}}$.

Observation: Time series of positions: $o = [x(t_i)]_{i \in \{1,\dots,50\}} \in \mathbb{R}^{50}$, with equally spaced t_i. Mass $m = 1$kg, amplitude $A_0 = 1$m and phase $\delta_0 = 0$ are fixed; spring constant $\kappa \in [5, 10]$ kg/s^2 and damping factor $b \in [0.5, 1]$ kg/s are varied between training samples.

Question: Prediction times: $q = t_{pred} \in \mathbb{R}$.

Correct answer: Position at time t_{pred}: $a_{cor} = x(t_{pred}) \in \mathbb{R}$.

Implementation: Network depicted in Figure with 3 latent neurons.

Key findings:

- *SciNet* predicts the positions $x(t_{pred})$ with a root mean square error below 2% (with respect to the amplitude $A_0 = 1$m)
- *SciNet* stores κ and b in two of the latent neurons, and does not store any information in the third latent neuron

图 6.14　成果总结(摘自 Iten et al.(2020))

6.3.3　攀登因果关系阶梯

我们用真实的阻尼摆示例了解了攀登因果关系阶梯的真正含义，并从纯粹的关联层面上升到了在知识发现领域使用 ML 的层次。为了进一步深入理解这一方法，从 Karim et al.(2018)揭示的不同角度对其进行研究。

从数学角度看，这些作者提出的三个层次完全符合因果关系阶梯的三级阶梯，如图 6.15 所示。

从图 6.15 可看出从数据到科学知识的演变流程如下。

(1) 统计建模(statistical modeling)：这是相关性层次，ML 模型只是从数据中学习这些相关性，然后 XAI 帮助回答最重要特征以及特征中特定变化的输出敏感性的相关问题。如我们所见，从数学角度来看，它正对应 $p(y|x)$。

(2) 图形因果建模(graphical causal modeling)：这一层次接收已从统计建模中提取和筛选出的最重要的特征子集作为输入。我们进入"干预"领域，从数学角度看为 do(x)，正如因果关系阶梯中的第二级。

（3）结构公式建模(structural equation modeling)：这是处理反事实的最终层次。它接收从因果建模中筛选出的原因，并将其转化为结构公式建模的形式以产生知识。在我们的示例中，就像从时间序列到阻尼摆的物理模型。

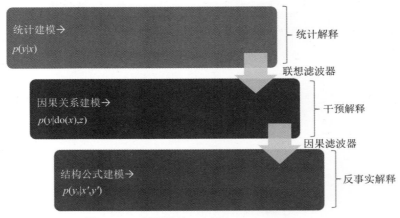

图 6.15　可解释性的三个层次(Karim et al. 2018)

这种方法背后的主要思想是将 XAI 从纯工程方法发展到使用 ML 进行科学研究的可能性。在下一节中，我们将看到一些新兴选项，以便在科学发现中有效地使用 ML。

6.4　ML 和 XAI 时代的科学

本节目标是讨论使用 ML 和 XAI 进行科学研究的一般思路和选项。如前所述如我们所看到的，通过阻尼摆案例攀登因果关系阶梯的第三级进行真正的知识发现并不容易。同时，前文为了解我们需要什么以及自动编码器如何在这方面提供帮助奠定了基础。此外，为了能够顺利地将发现系统物理性质的任务移交给 ML，我们仍将继续探索。

一般来说，当我们在物理学界面临知识发现挑战时，主要有两种情况：

(1) 有很多数据，但是没有任何现有的理论模型来研究该系统。

(2) 有数据，也有很好的系统数学模型。

在第一种情况下，ML 已经被广泛用于预测，通常的方法是：给定原始数据，无需担心对数字的任何理论解释，使用数据来训练 ML 模型，预测将像魔术般生成。但我们能做的不止于此。

ML 已经能够很好地发现模式，这在未知领域非常有用。在我们没有任何科学理论的情况下，ML 可以指出有意义的研究方向。但是，使用限制 VAE 的 ML 潜在表示的技术也可以用来寻找新物理性质的线索(例如，粒子物理学中的 LHC 数据)(Guest et al. 2018)。

另一种选择也很有趣：用 VAE 进行异常检测。再次以粒子物理学为例，分析如 LHC 等加速器的大量数据以跟踪粒子碰撞已经非常普遍。

已知自动编码器基本上是一个神经网络，它使用压缩的潜在表示将输入映射回自身(具有一定程度的近似)。同样的原理也可以反过来用：所有自动编码器无法重建事件的情况都可以视为异常——这类情况值得研究，或许可从中找寻新的物理性质。实际操作远不止这样简单(正如 Farina et al. (2020)所解释的，确实有很多工作要做)，但此处，我们的意图在于让你感受到使用 ML 进行科学研究的不同方向。

现在看看第二种情况：我们有一个数学模型和许多数据。ML 在这种情况下能发挥作用吗？通过混合方法，答案是肯定的。试想一下非常复杂的物理系统，在这些系统中使用数学模型进行"实时"预测是不可行的，因为这将花费过多的时间或计算资源。解决方法可能是使用数学模型生成足够的数据来训练 ML 模型，然后用 ML 模型来替代数学模型进行实时预测，从而获得更好的性能。

经过这些步骤，读者可能会问出这个最终问题：适当训练后，NN 在预测大多数问题时表现如此出色，这有什么普遍而深刻的原因吗？换句话说，原则上，神经网络能够逼近任何函数，但你可能会认为，学习可能具有任意多项式阶函数的系统将非常困难，计算也会非常复杂，而现实情况是，通常较低的多项式阶数(或简单函数)就足以在多数问题上取得良好的结果。这是一个开放的研究领域，具有超越 ML 和基础物理的深刻含义。

本书并不深入探讨这些观点,但我们认为遵循 Lin et al.(2017)解释的基本思想是极佳的。

(1) "由于尚未完全理解的原因,我们的宇宙可以用低阶多项式哈密顿量(polynomial Hamiltonian)精确地描述。"物理定律的阶数为 2~4,这减少了需要 NN 近似的模拟函数数量。

(2) 现代理论物理学以数学对称性为指导,它约束了潜在的数学模型。这反过来又在训练过程中帮助了 ML:回想图像识别,狗或猫的图像是对称的,这大大简化了学习过程。

(3) 任何物理系统的层次结构都有可能在 NN 领域发挥作用。基本粒子构成原子,原子构成分子,最终形成行星、星系。NN 的各层可以在其结果的顺序和因果近似中模拟这一"内在"规律,从而在每一层中增加复杂性或细节。

再次强调,这些想法大多未被证实,但我们非常喜欢这些值得深思的想法。这些想法虽然像之前谈论的其他技术和工具一样触不可及,但我们认为我们应该与诸位共享。

6.5　小结

- 使科学方法适应当前具有大量可用数据的时代。
- 理解因果关系阶梯,提出正确的问题,并使用正确的 XAI 工具来回答。
- 使用自动编码器构建物理系统的表示。
- 利用变分自动编码器发现阻尼摆的物理特性。
- 学习使用 ML 的混合方法进行科学研究的基础知识。
- 使用自动编码器检测异常。
- 深入了解 NN 对不同物理系统的近似能力。

参考文献

Dietrich, F. (2020). *Implementation of SciNet*. 可在 https://github.com/fd17/SciNet_ PyTorch 上阅读。

Farina, M., Nakai, Y., & Shih, D. (2020). Searching for new physics with deep autoencoders. *Physical Review D, 101*(2020), 075021.

Gilpin, L. H., Bau, D., Yuan, Z. B., Bajwa, A., Specter, M., & Kagal, L. (2018). Explaining explanations: An overview of interpretability of machine learning. *arXiv:1806.00069*, arxiv.org.

Guest, D., Cranmer, K., & Whiteson, D. (2018). *Deep learning and its application to LHC physics*. https://doi.org/10.1146/annurev-nucl-101917-021019.

Iten, R., Metger, T., Wilming, H., Del Rio, L., & Renner, R. (2020). Discovering physical concepts with neural networks. *Physical Review Letters, 124*, 010508.

Karim, A., Mishra, A., Newton, M. A., & Sattar, A. (2018). Machine learning interpretability: A science rather than a tool. *arXiv preprint arXiv:1807.06722*, arxiv.org.

Lin, H. W., Tegmark, M., & Rolnick, D. (2017). Why does deep and cheap learning work so well? *Journal of Statistical Physics, 168*, 1223–1247.

Pearl, J., & Makenzie, D. (2019). *The book of why* (eBook ed.). UK: Penguin.

第7章
对抗性机器学习和可解释性

"如果你折磨数据的时间足够长，它就会招供一切。"

——Ronald Coase

本章内容
- 什么是对抗性机器学习
- 使用对抗性示例进行 XAI
- 用 XAI 预防对抗性攻击

我们通过一个令人印象深刻的示例进入本章的主题，观察图 7.1。

图 7.1　比较两张熊猫的图片(Goodfellow et al. 2014)

你能看出这两只熊猫之间有什么不同吗？我敢打赌，你肯定会说不能。

我们确信，这两张图片都显示的是熊猫。但据 Goodfellow et al. (2014)所述，第一张被 NN 分类为熊猫，置信度为 55.7%，而第二张被同一 NN 分类为长臂猿，置信度为 99.3%。为什么会这样？一开始，我们会以为是关于设计或者训练 NN 时的一些错误，但从本章可以看出，分类的错误是由于对抗性攻击造成的。我们接下来将了解到，用各种对抗性攻击来愚弄神经网络是非常容易的。在图像分类任务中，哪怕有一些人眼无法捕捉的输入变化，就能破坏分类器。

这个话题很有趣，也值得我们深入研究，但接下来将要了解的是对抗性 ML 与 XAI 的关系，这也是本书的主题。在接下来的内容中，我们将看到，XAI 和对抗性 ML 之间的关系是双重的：一方面，XAI 可以使 ML 模型更加鲁棒，防止对抗性攻击；而另一方面，对抗性示例可以被视为一种产生局部可解释性的方法(在我们已经讨论过的其他 XAI 技术中)。

但在探索对抗性示例(Adversarial Example，AE)和 XAI 之间的关系之前，我们先从对抗性 ML 的速成课程开始，以奠定基础。

7.1   对抗性示例(AE)速成课程

对 AE 的探索始于 2013 年 Szegedy et al. (2013)的开创性研究，作者着重研究了神经网络的两个属性：第一个属性是关于神经网络是如何工作的，第二个属性是研究神经网络在输入小扰动下的稳定性。这篇论文并不是为了深入研究对抗性示例，但第二个属性的相关研究结果为对抗性 ML 奠定了基础。

当时，人们对 NN 视觉和语音识别十分感兴趣，因为它们取得了与人类能力媲美的类似结果。我们相信，神经网络的准确性与神经网络的鲁棒性是可以自然结合的。Szegedy et al. (2013)得出了另一项令人震惊的结果，对输入图像的不可感知的非随机扰动可能会任意地改变网络对图像的分类，而这是通过优化输入使预测误差最大化来实现的。引用作者的话："我们把这种被扰动的示例称为对抗性示例。"

图 7.2 概述了该论文的结果，本图摘自原论文。

图 7.2 左列显示的是原始图像，中间一列显示的是被扰动扭曲的图像，以产生右列的对抗性示例。

右栏中的所有图像都被归类为鸵鸟，尽管人眼无法看出这种扰动。

这些对抗性示例是为 AlexNet 生成的，此 CNN 由 Alex Krizhevsky 设计。该 CNN 在 2012 年 9 月 30 日的 ImageNet 大型视觉识别挑战赛中，以 15.3%的误差赢得了冠军，比亚军的误差低 10.8 个百分点以上。Szegedy 展示了如何愚弄除 AlexNet 之外的其他最先进的网络。

(a) (b)

图 7.2　左列是原始图像；中间是扰动的情况；右列是被攻击的图片。

最终导致分类不正确(Szegedy et al.2013)

此外，相当出乎意料的是，当时有很大一部分生成的 AE 也被使用不同的超参数从头开始训练的网络错误分类了。这种行为是下面讨论的攻击可能具有"可移植性"的第一个迹象。

产生这些对抗性示例的一般方法是什么？我们试着强调产生它们的主要步骤。假设有一个图像 X 被 NN 使用函数 $f(x) \to A$ 分类为 A 类。我们想找到最小的扰动 d，使 x 被 NN 归类为 B(即不同于 A 类)因此有式 7.1：

$$\min_d d = \|d\|_2 \tag{式 7.1}$$

$f(x + d) = b, (x + d)$ 为无效图像

这是一个棘手的优化问题。解决的第一种方法是使用 L-BFGS 算法(即以作者姓名首字母命名的原始 BFGS 算法的变体),该算法在某种程度上限制了这些攻击可以适用的情况。

L-BFGS 作为第一个进入文献的 AE,显示了 NN 的鲁棒性弱于人们的普通认识。"脆弱性"一词是相对于鲁棒性而出现的,应用于被这些攻击愚弄的 NN。还记得第 1 章的图 1.3(同图 7.3)吗?

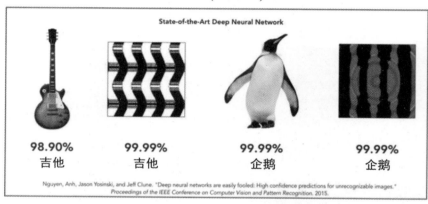

图 7.3　最先进的 DNN(Nguyen et al.2015)

在我们用这幅图来介绍 XAI 前,需要了解 NN 的分类所依赖的特征,以避免发生类似图中所示的情况。观察同一个案例,可以看到,这些 AE 可能会愚弄 NN,而 XAI 可以用来避免这样的情况(按照预期,我们将讨论 XAI 和 AE 之间的双重关系)。

在第一篇研究 AE 的论文发表后,目前的研究进展到了解 AE 是罕见情况还是易发情况。此外,有必要了解神经网络是否需要按照严格要求的内部知识来创建 AE。L-BFGS 用于 AE 制作,但它是一种通用的优化算法,并没有阐明这一现象。所有这些要点都是回答关于防止 NN 被 AE 攻击的最重要问题的前提条件。

答案很快浮现。2014 年,Goodfellow et al. 取得了两项基本成果。

(1) 一种直接产生 AE 的技术。

(2) 理解通常 NN 易受对抗性示例攻击的根本原因。

在 AE 速成课程的第一部分，我们将从历史的角度来看待 AE，因为我们想在适合的情况下将导致 AE 跳出纯粹的学术研究重点的主要结果作为广泛采用 ML 的潜在威胁。

intriguing properties of neural networks(Szegedy et al. 2013)中作者的第一反应是不清楚 AE 的范围和程度。正如他们在结论中所述，他们质疑 NN 是如何被这些攻击所愚弄的：

对抗性负面因素的存在似乎与该网络实现高概括性能的能力相矛盾。的确，如果网络能够很好地泛化性能，它怎么会被这些与常规示例无法区分的对抗性负面因素所混淆？最有可能的解释是：对抗性负面因素集合出现的概率极低，因此在测试集中从未(或很少)观察到它，但它是密集的(很像有理数)，因此在几乎每一个测试案例附近都能发现它。然而，我们并没有深入了解对抗性负面因素出现的频率，因此未来的研究应解决这个问题(Szegedy et al.2013)。

正如Goodfellow et al. 及其后续研究所示，AE 的出现相当频繁和容易。

了解上述两点的最好方法是理解为什么 AE 可以被泛化，在此基础上我们将给出一些关于如何快速生成 AE 的论据。AE 很容易被泛化，且不同结构的 NN 可能容易受到相同 AE 的影响，这对 ML 研究人员来说是一种惊喜。关于这一点，初步解释是沿着深度 NN 的极端非线性方向，结合某些情况下缺乏必要的正则化和过拟合。具有讽刺意味的是，Goodfellow et al. 的研究结果与此恰恰相反。NN 对 AE 的脆弱性主要是由于 NN 的扩展线性和高维输入的综合影响。

假设有一个线性模型(我知道你会疑惑为什么我们要假设深度 NN 的内在线性，之后会解释这个问题)，每个特征的定义都具有内在的精度。预计分类将对两个不同的输入 x 和 x'给出相同的分类。若

$$x' = x + \varepsilon \qquad\qquad (式7.2)$$

且扰动 ε 的每个元素都小于特征的精度。

考虑权重向量(w)和对抗性实例 x'的点积，可以得到

$$w^T x' = w^T x + w^T \varepsilon \qquad\qquad (式7.3)$$

扰动使激活函数发生了 $w^T\varepsilon$ 的变化。但一般来说，w 的维度很高。假设有 n 个维度，m 是权重向量中一个元素的平均值，那么偏移量大约是 $m \times n \times \varepsilon$。因此，在任何情况下，保持小的 ε 可以在激活中产生大的变化，因为整体增长随问题的维度 n 呈线性增长，这意味着在输入产生小的变化时将获得大的输出差异。从可视化角度观测一下线性，探索为什么线性要对 AE 的脆弱性负责。

在数据不充足的领域，线性模型将在没有任何平坦化的情况下外推数据。每个特征在整个空间保持相同的部分斜率，而不依赖或考虑其他特征。换句话说，若你能在正确的方向上增加一点输入，越过决策边界，就可以很容易地到达空间，获得不同的分类。

图 7.4 显示了这种行为，在决策边界的正交方向上选择正确的向量很快就会使模型脱离原来的分类。基于这些论点，我们可以引入一个更有效的产生 AE 的算法：FGSM(fsat gradient sign method，快速梯度符号法)。我们再次回到开始的优化问题。

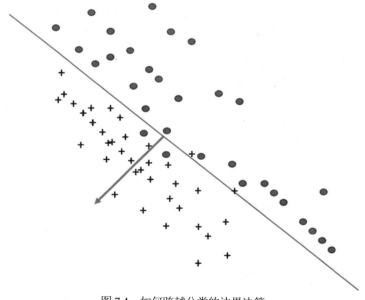

图 7.4   如何跨越分类的边界决策

$$\min_d d = \|d\|_2 \tag{式 7.4}$$

$$f(x+d) = B, (x+d) 为无效图像$$

L-BFGS 可以解决这个问题，一般来说，通常计算量较大。

FGSM 方法有所不同，可以更容易产生不同的攻击。了解 FGSM 的基础非常重要，因为它对获得 AE 的基础知识有很大帮助，如图 7.5 所示。

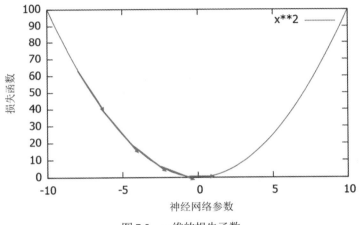

图 7.5　一维的损失函数

考虑通常使用的一维梯度下降法,希望在其中找到损失函数的最小值。

进行优化是为了找到 NN 的最佳权重，以获得损失函数的最小值。仅仅考虑一个具体的数据点，它看起来是这样的：

$$L(x, y, \theta) = (f_\theta(x) - y)^2 \tag{式 7.5}$$

在这种特定情况下，我们寻找最佳的 θ 值，以获得最小值。在梯度下降算法的每次迭代中，θ 都会向最小值更新。

$$\theta' = \theta - \alpha \nabla_\theta L(x, y, \theta) \tag{式 7.6}$$

FGSM 虽然使用相同的梯度下降方法,但处理的是数据点而不是参数。现在的最小值问题是找到 x 的值，以增加该特定示例的损失。

$$x' = x + \alpha \nabla_x L(x, y, \theta) \tag{式 7.7}$$

与梯度下降算法相比,在 FGSM 中,保持固定的模型参数,并在另一个方向上对特定的输入 x 进行区分,如图 7.6 所示。

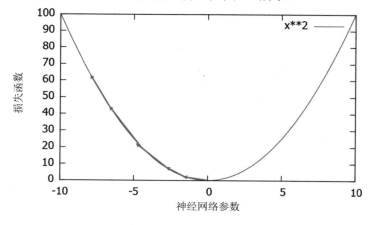

图 7.6　梯度下降和 FGSM

对于 FGSM,扰动固定为小于 ε,这样新的数据点就无法与原来的数据点区分开来。

$$x' = x + \varepsilon sign \nabla_x L(x, y, \theta) \qquad (式 7.8)$$

这里没有具体的优化。只需要设置 ε,并对数据点进行同样的扰动,同时考虑梯度的符号,以了解是否需要一个正的或负的扰动来增加损失函数。但是,如前所述,扰动被限制在绝对值小于 ε 的范围内。

通过这种方法,我们可以快速生成 AE。文献显示,在原始图像分类数据集上达到 90%的误差是相当简单的。在讨论如何产生 AE 之前,仍然需要深入研究在本节中提到的几个要点。我们说过,AE 的能力基于 NN 的内在线性,这对每个 ML 学生来说都非常出乎意料。之所以这样说,是因为 DNN 的基本理论表明,网络令人印象深刻的性能主要是由于其非线性激活函数的深层结构,因此它们可以学习浅层和线性 NN 无法学习的函数。但我们需要更进一步,对通常用于建立 DNN 模型的非线性函数进行修正。

其中一个函数便是众所周知的 ReLU,如图 7.7 所示。

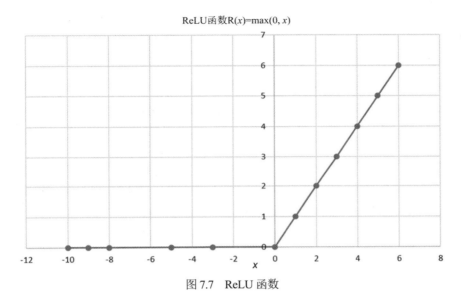

图 7.7 ReLU 函数

ReLU 在很大一部分区域内$(x > 0)$是线性的，这使得 ReLU 与 DNN 中常用的其他两个激活函数有很大不同，即图 7.8 中的 Logistic 函数和 tanh 函数。

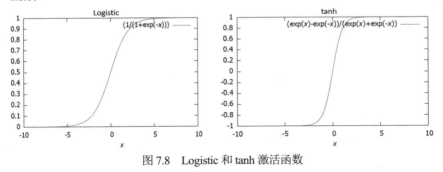

图 7.8 Logistic 和 tanh 激活函数

Logistic 和 tanh(双极)激活函数都表现出一种不存在于 ReLu 中的饱和现象。这种渐进行为使这些函数对 AE 更加鲁棒，但更难训练。饱和度使梯度几乎接近于零，因此在梯度几乎是线性的区域之外训练它们更加困难。但同样的原因使函数对 AE 更加鲁棒，因为非线性上限抑制了我们提到的，在没有那么多数据点的区域进行推断的过度信心。

在线性区域中,训练和计算(特别是只需要符号检查的 ReLU 的计算)更容易,这解释了 NN 对 AE 的普遍脆弱性。此外,深度神经网络的训练在很大程度上是线性的,这使得它们容易受到 AE 的影响。引用 Goodfellow et al. (2014):"出于同样的原因,对更多的非线性模型(如 sigmoid 网络)进行了仔细调整,使其大部分时间处于非饱和、更具线性的状态。这种线性行为表明,对线性模型的廉价、分析性扰动也会损害神经网络…设计易于训练的线性模型和设计利用非线性效应来抵抗对抗性扰动的模型之间存在着一种根本的对立关系。从长远来看,通过设计能够成功训练更多非线性模型的更强大的优化方法,也许可以摆脱这种权衡"。到目前为止,我们了解了为什么 NN 容易受到 AE 的影响,以及如何轻松地生成它们。但是在接触 AE,并探索 AE 和 XAI 之间的联系之前,我们还遗漏了一个基本问题:目前我们所做的是,假设我们能够访问神经网络模型,所以我们谈到的 AE 将不适用于无法访问 NN 的情况。似乎不能仅仅对暴露在云中的现有 NN 执行黑盒 AE。一般来说,如果不知道 NN 本身的内部原理(至少现在的例子中我们知道梯度值),就不能执行黑盒 AE。但随着 Goodfellow et al. 的进一步开创性研究,情况很快就变得糟糕。AE 不仅具有普遍性,可以用来攻击任何类型的 NN,而且还可以轻易从一个 NN 转移到另一个 NN,这代表"黑盒 AE"的诞生。

一般来说,这个想法很容易理解:唯一的假设是访问我们想要攻击的 NN,但只能查看提供给特定输入的标签(分类),然后训练一个局部模型来取代目标 DNN。使用合成输入和目标 DNN 在暴露于该输入时产生的标签进行训练。有了局部模型,就可以使用我们迄今为止在输入的"局部"空间中所学到的技术来制作 AE。在这个空间中,它是要攻击的目标 DNN 的良好近似。

Goodfellow et al.(2014)的这项研究开启了进一步进化的大门,从普遍扰动(Moosavi Dezhouni et al. 2017)到最近的单像素攻击,显示了如何通过改变输入图像中的一个像素来愚弄神经网络。我们不会详细讨论这些技术的细节,只是简述普遍扰动背后的原理,以强调主要结果,如图 7.9

所示。

(1) 给定一个图像分布 d 和一个分类函数，有可能找到一个扰动，它愚弄了从 d 采样的几乎所有图像上的分类器。这样的扰动被称为普遍扰动，因为它代表了一个固定的图像不可知的扰动。扰动导致样本中的图像分类发生变化，使被扰动的图像与原始图像几乎没有区别。

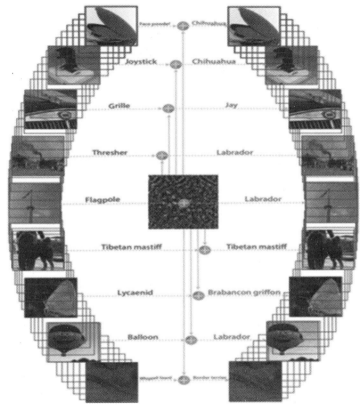

图 7.9　左边的图像是有正确标签的原始图像；中间的图像是普遍扰动；
右边是由于普遍扰动而被错误分类的相关图像(Moosavi-Dezfooli et al.2017)

(2) 普遍性是双重的：扰动不仅在不同的数据点上具有普遍性，而且在不同的 NN 架构上也具有普遍性。如论文(Moosavi-Dezfooli et al. 2017)中所表示的，扰动在已测试的六个架构中的泛化表现相当好，见表 7.1。

表 7.1　扰动在不同架构上的通用性。数字是愚弄率，最大值是沿对角线达到的预期值 (为一个架构计算的扰动并应用于同一架构)。但是，在非对角线单元中的通用性 也相当强(Moosavi-Dezfooli et al. 2017)

	VGG-F	CaffeNet	GoogLeNet	VGG-16	VGG-19	ResNet-152
VGG-F	**93.70%**	71.80%	48.40%	42.10%	42.10%	47.40%
CaffeNet	74.00%	**93.30%**	47.70%	39.90%	39.90%	48.00%
GoogLeNet	46.20%	43.80%	**78.90%**	39.20%	39.80%	45.50%
VGG-16	63.40%	55.80%	56.50%	**78.30%**	73.10%	63.40%
VGG-19	64.00%	57.20%	53.60%	73.50%	**77.80%**	58.00%
ResNet-152	46.30%	46.30%	50.50%	47.00%	45.50%	**84.00%**

　　第二种普遍性可以被认为是对我们理论讨论的实验确认：我们不需要为每个具体的 DNN 架构塑造 AE，因为无论 DNN 架构是什么，DNN 的大部分训练都是在线性系统中进行的，这是它们对 AE 同样脆弱的根源。在探讨 AE 作为一种 XAI 技术以及如何利用 XAI 防御 AE 之前，先来看一个如何制作 AE 的实际示例。

实践对抗性示例

　　本节将展示如何制作一个简单的 AE。

　　在编码之前，回顾一下我们谈到过的简单模型中的数学知识(Karpathy 2015)。假设有一个基本的逻辑分类器，根据两个可能的类别给出 0 或 1 的输出。

$$P(Y=1\,|\,x;w,b) = \sigma(w'x + b) \qquad (式\ 7.9)$$

　　接收 x 作为输入，若 $P > 50\%$，分类器将 x 分配给类 1。σ 是标准的 sigmoid 函数，将权重和输入的组合(w 和 x，$b{=}0$)映射到 0 和 1 之间。

　　假设我们有下面的输入和权重向量 w。

```
x = [2, -1, 3, -2, 2, 2, 1, -4, 5, 1]  // input
w = [-1, 1, 1, -1, 1, -1, 1, 1, -1, 1] // weight vector
```

做点乘，得到-3，这意味着这个输入被归类为 1 类的概率是 $P=0.0474$，这概率很低。这个输入将被归类为 0 类，概率约为 95%，这是相当高的。

现在使用 FGSM 来调整这个输入。请记住，FGSM 是在输入中进行小的改变，使整个图像(或其他输入)与原始图像无法区分，同时改变所产生的分类。

为了实现这一结果，FGSM 建议设置一个小的 eps，并以相同的权重符号(若是正数，则为正号，若是负数，则为负号)来扰动输入。

$$x' = x + \varepsilon \ \mathrm{sign} \nabla_x L(x, y, \theta) \qquad (式 7.10)$$

在这个简单示例中，设置 $\varepsilon=0.5$，并相应改变输入(名为 adx)，得出：

```
adx = [1.5, -1.5, 3.5, -2.5, 2.5, 1.5, 1.5, -3.5, 4.5, 1.5]
```

如果用这个再做点乘，这次得到的是 2(而不是-3)，该图像被分类为 1 类的总体概率 $P=0.88$(而不是 0.0474)，这意味着它将被分配到 0 类(而不是 1 类)，概率是 88%。

这个虚拟示例的要点是什么呢？只是改变了 eps=0.5 的输入，就得到了一个强烈影响整体概率的总体效果。正如我们在理论讨论中的那样，这是由于维数和点积放大了小扰动的影响。通常我们有成千上万个维度，而不仅是此前为了了解概念所用的维度，并且给出了我们在这个示例中看到的情况，一个非常小的 eps 可能会导致分类中更大的变化，使全局输入与原始输入没有区别。

在现实生活场景中，有很多库可以快速生成 AE。我们将使用 Python 库之一的 Foolbox 来创建针对大多数 ML 模型的对抗性攻击，如 DNN。这个库可以与 PyTorch、TensorFlow 和 JAX 构建的模型协同工作。出于本书目的，我们将讨论并评论文档中提供的使用 PyTorch(Foolbox 2017)的示例。我们使用预先训练好的 CNN 模型 ResNet18，已在 ImageNet 数据库的图像上训练过。该模型被用来将图像分为从动物到铅笔的 1000 多个物体类别。

在下文中，我们提供主要的代码片段，以了解其流程。

我们从导入库开始。

```
import foolbox
import torch
import torchvision.models as models
import numpy as np
```

以获得在 Foolbox 和 PyTorch 所需要的东西。

下一步是将模型实例化。

```
resnet18 = models.resnet18(pretrained=True).eval()
if torch.cuda.is_available():
resnet18 = resnet18.cuda()
mean = np.array([0.485, 0.456, 0.406]).reshape((3, 1, 1))
std = np.array([0.229, 0.224, 0.225]).reshape((3, 1, 1))
fmodel = foolbox.models.PyTorchModel(
resnet18, bounds=(0, 1), num_classes=1000,
  preprocessing=(mean, std))
```

并获取我们要攻击的图像:

```
# get source image and label
image, label = foolbox.utils.imagenet_example(data_format='
channels_first')
image = image / 255. # because our model expects values in
[0, 1]

print('label', label)
print('predicted class', np.argmax(fmodel.predictions(image)))
```

输出语句是为了检查加载的内容与预测的内容,对应于 ImageNet 数据库中虎皮猫的 282 类。

最后一步是用 Foolbox 库的两行代码来创建 AE。

```
# apply attack on source image
attack = foolbox.attacks.FGSM(fmodel)
adversarial = attack(image, label)
```

这里的目的图像已被 FGSM 攻击操纵。如果研究一下生成攻击的代码，我们会发现，就之前的讨论而言，预期的情况是这样的。

```
perturbedImg = img + gradient_sign * np.sign(a.gradient())
```

其中 a.gradient() 自动评估了 FGSM 的通用项 $\nabla_x L(x, y, \theta)$。

并检查下面的输出内容。

```
print('adversarial
class', np.argmax(fmodel.forward_one(adversarial)))
```

输出是281，这意味着我们的CNN现在错误地将一只虎皮猫(图像282)分类为斑猫(如图 7.10)。

虎皮猫(id:282)　　扰动　　　　　　　　　　斑猫(id:281)

图 7.10　对抗性攻击实例：虎皮猫误分类

7.2　使用对抗性示例运行 XAI

上节提到，XAI 和 AE 之间的关系是双重的：在本节中，我们将展示 AE 如何帮助进行 XAI，而在下一节，我们将探讨 XAI 如何使 ML 对 AE 更具鲁棒性。深入了解这些细节，可以帮助理解 XAI 和 AE 之间关系的根源是什么。

回到我们的 XAI 流程图，如图 7.11 所示。

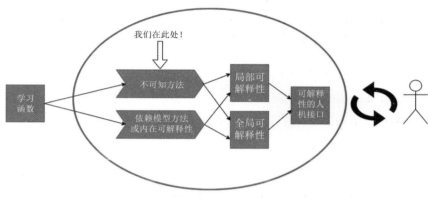

图 7.11   XAI 流程

我们将了解运行 XAI 的方法可能会产生局部或全局可解释性。在 XAI 中，有一种趋势性的技术，我们至今没有明确提到，但可能会被纳入不可知方法中，即所谓的基于实例可解释性(Adadi 和 Berrada 2018)。基于实例可解释性意味着解释模型时选择数据集合中最具代表性的实例来代表模型行为(Molnar 2019)。与模型不可知方法一样，我们不需要访问模型内部，但与模型不可知方法不同的是，我们并没有试图总结或缩小最相关的特征。从这个意义讲，基于实例解释对于类似人类的解释更具意义：因为人类寻找解释往往需要寻找一个实例，一个简单的案例。它可以帮助人们更容易地理解所发生的事。这条路径是：如果两个事件相似，我们通常会得出，它们将产生相同的效果。

如果我们的一个朋友的贷款被拒绝了，我们会试着把自己的情况和他的情况进行比较，以了解贷款发放与否的标准是什么。这个示例比理解和解释整个 ML 算法更具体。基于实例可解释性主要有两种类型：原型解释和反事实解释。我们将看到 AE 如何被认为是反事实解释的一个具体案例。

从原型这个词的含义来看：我们从众多实例中寻找最具代表性的实例。然后，通过观察其他数据点与被选为原型的数据点的相似性来解释。为了避免一概而论，原型往往与"批评"联系在一起，而"批评"与原型恰恰相反，它是一个任何原型都不能很好体现的数据点。原型通常是通过 k 均值等聚类算法来确定的。

为了使结论更完整，我们提到了原型解释，但我们对反事实解释及其与 XAI 的关系更感兴趣。反事实解释是指寻找适用于特定输入的最小变化的最小条件，以应用于可能导致该输入的不同决策的特定输入。在我们的示例中，假设贷款申请已被接受，我们会在一个或多个特征中寻找最小的变化以使贷款被拒绝。

这也是一个基于实例可解释性，但它与原型不同。原型是存在于数据集中的数据点，而反事实示例是不存在于数据集中的数据点，是没有发生的事件，是没有训练或测试 ML 模型的事件。

由此，现在可以理解反事实解释与对抗性示例的关系，而对抗性示例可以被认为是一种特殊的基于反事实示例解释。大家还记得 AE 是什么吗？我们寻找一个数据点的最小变化来骗过 ML 模型，这正是我们在解释反事实解释时所遵循的那种推理。学习愚弄 NN 可以被视为一种 XAI 方法，因为它是在学习应接触什么，如何改变特征以改变预测，即学习 ML 模型如何工作。至于不可知方法，将 ML 视为一个黑盒，AE 的创建有助于理解由一个特定的输入得到一个特定的分类的"原因"和"方式"，以及这个输入将如何对产生该分类的最重要的特征的微小变化做出敏感反应。

与原型不同的是，反事实实例在数据集中不存在。读者应该会感到似曾相识，因为我们在第 6 章中已经从不同的角度深入研究了反事实推理。有必要时时回顾，我们已经涵盖的一些重要的主题，以了解全貌。

我们谈到了因果关系阶梯，这是 Pearl 关于因果关系的开创性研究的一部分(Pearl 和 Makenzie 2019)。

我们知道，反事实处于阶梯的顶端，为了达到顶端，我们需要处理从可理解性上升到全面可解释性的成像和回顾性攀登(在第 6 章中提到，物理学定律可以被认为是一种反事实的断言)。

使用基于反事实示例可解释性的 XAI 是一种人性化的生成解释的方法，因为人类倾向于通过回答诸如"要是我当初不这么做会怎么样？"之类的问题来理解事情。需要注意的是，发生不同情况的世界并不存在，我们需要的是一个完全不同的因果关系模型来处理这种反事实状况。

考虑到这一背景，并将 AE 确定为一种特定类型的基于反事实示例的解释，我们可以看看如何用在 XAI 中学到的方法生成反事实解释。

在第 4 章中了解到 SHAP 方法为单一的实例产生解释的强大功能。在这种情况下，可以采用同样的方法，用 SHAP 来产生反事实解释。

记住，特征"j"和实例"i"的 Shapley 值 Ψ_{ij} 是指与数据集的平均预测值相比，特定特征对实例"i"的分类的贡献程度，因此 Shapley 值可用于了解哪些因素对特定分类的影响更大或更不利。

按照 Rathi(2019) 的结论，我们可以用这种算法来通过 SHAP 生成反事实。我们通过使用 SHAP 来回答 P-contrast 问题，这些问题的形式是："为什么是[预测类]而不是[期望类]？"。我们想对一个特定的数据点进行深度挖掘，并计算每个可能的目标类的 Shapley 值。负的 Shapley 值对目标分类有负面作用，而正值则相反。可以把 P-contrast 问题分成两部分：为什么是 P？为什么不是 Q？计算 P 类和 Q 类的 Shapley 值，并使用那些对所选类别的分类相反的值来获得反事实的数据点。

给定数据点，估计每个可能的目标类别中的 Shapley 值。负的 Shapley 值表示对特定类别分类有负面影响的特征，正值则相反。

该算法实现了这一流程：起点是确定期望的类别(Q)，预测的类别(P)，以及数据点。对每个目标类计算 Shapley 值，以产生反事实解释。这种方法已经在 Iris 数据集和葡萄酒质量数据集上进行了测试。正如论文中所述，在 Iris 数据集中，对"为什么是 0，而不是 1"这一基本问题的回答产生了这样的解释：花瓣的宽度对结果 0 有很大影响，而花瓣的长度则驱动标签为 1 的反事实分类。

在这种情况下，解释指出，要把分类从 0 变为 1，目标特征是花瓣的长度。一般来说，我们缩小了对所需类别分类不利的特征，还可以得到与对比性解释有关的反事实数据，并给出实现特定输出所需更改的真实示例。这些数据点代表了对比查询的反事实答案。

这与将 AE 作为反面教材的标准方法有很大的不同，因为我们看到的方法依赖于一个固定的 ε，ε 值为单个数据点提供一个小而广的特征扰动。但根本问题是一样的，我们正尝试改进现有的方法，以了解是什么让一朵花成为那种特定的花，并探索如何改变它。

在下一节中，我们将探讨该思路的另一个方向，并利用 XAI 来防御 AE(而不是利用 AE 做 XAI)，并完成该循环。

7.3   用 XAI 抵御对抗性攻击

根据我们对 AE 的了解，有一个显而易见的问题是，如何抵御 AE，使 ML 模型更加鲁棒。

我们的研究范围是 AE 和 XAI 之间的关系，现在已经看到 AE 如何被认为是基于实例解释的一个特定类型，如反事实。对 AE 的防御有几种方法，我们将重点讨论使用 XAI 本身来防御 AE 的方法。在这里仅提到一般的方法，它们有四个主要类型。

- 数据增强：这个想法是将 AE 作为训练的一部分加入，以使模型鲁棒性更强。通过这种方式，针对该特定类型的 AE 训练模型。但该方法明显的局限性是，需要对所有可能的攻击进行详尽的了解。
- 防御性蒸馏：在 ML 文献中，蒸馏常被用于减少 DNN 架构规模，从而减少对计算资源的要求。蒸馏的高级想法是从原始 DNN 中提取信息，并将其转移到另一个降维的 DNN 中。防御性蒸馏是这种方法的一个变体，用于提高 DNN 对 AE 的鲁棒性。这是用类似于蒸馏的两阶段程序获得的，但目的是加强对扰动的弹性，而不是压缩 DNN。
- "检测器"子网络：在这种检测对抗性扰动方法中，原始的 DNN 没有改变，但在二进制分类上训练了一个额外的检测器子网络，以区分原始输入和含有 AE 的输入。
- 对抗性训练：这是最有用的方法之一。在这种方法中，所有已发现的 AE 都用来增强训练集。此过程可以递归应用，获得对 AE 攻击越来越鲁棒的模型。

使用 XAI 方法来防御 AE 是另外一种新出现的方法，不能归入这四个主要的防御类型。Ilyas et al. (2019)研究概述了如何使用 XAI 的背景，其中

AE 被认为是数据集本身的固有属性。作者介绍了鲁棒特征和非鲁棒特征的概念。非鲁棒特征是指具有高度预测性的特征,但对输入的每一个变化都非常敏感。我们可以把它们看作是人类在执行分类任务时通常不会使用的细节。

相反,鲁棒特征有很高的预测性,但不会受到小的输入变化的影响。用汽车作为示例,我们可以把车轮的存在看作是一个鲁棒特征。就我们的目的而言,鲁棒/非鲁棒特征对输入的微小变化的反应是 AE 的基础。AE 是精心寻找非鲁棒特征的方法,因此,输入的微小变化会使这些高预测性特征的值发生相当大的变化。直接攻击一个鲁棒特征是不可行的,因为它需要对输入进行更显著的改变,因而容易被观察者发现。

鉴于上述情况,Fidel et al. (2020)展示了如何使用 SHAP 来利用鲁棒/非鲁棒特征之间的差异防御 AE。在上一节中,我们使用 SHAP 来生成基于实例可解释性(AE 的一种),而在这种情况下,我们从相反的方向使用 SHAP,来使 ML 模型对 AE 有更强的抵抗力。

考虑到 XAI 的主要目的是解释 ML 模型,提供决定输出的特征的相对重要性。假设我们可以应用 XAI 来区分 AE 与原始输入,其思路是,与 AE 的分类相比,正常输入的分类应该更多地依靠鲁棒特征,而 AE 的分类可能更依靠非鲁棒特征攻击来改变输出分类。

使用 SHAP 来对特征的相对重要性进行排序,以便识别利用不同 SHAP 特征的 AE。

图 7.12 改编自 Fidel et al. (2020)的研究,清楚地显示了所提出的解决方案。数字的左边和右边部分是猫和汽车的正常示例。中间有一个猫的原始输入,用 PGD L2 攻击该输入,来创建一个以猫为目标类别的 AE。

到目前为止,并没有涉及什么新的知识。正如人们预期的那样,人类观察无法区分汽车的原始示例和对抗性示例。

但观察下图,我们可以看到 SHAP 签名被添加到每幅图中,因此每个神经元 i 对目标类 j 的 SHAP 值表示为不同的颜色。红色的像素是对目标类别的正贡献;蓝色的是负贡献,其强度取决于贡献本身的绝对值。

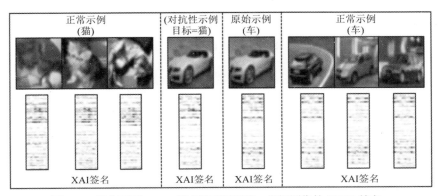

图 7.12 具有不同 SHAP 签名的不同图像。根据图像的 SHAP 签名，
对正常和被攻击的示例进行了比较(Fidel et al. 2020)

特别需要注意，透明的像素对分类没有贡献，这就是我们在第 4 章的 SHAP 部分看到学到的内容。这一次，我们可以从不同的角度来看待这些签名。对该图进行视觉分析就足以了解该方法的主要流程。

若与同类型的图像相比，每张图像都有类似的 SHAP 特征。所有左边的猫和右边的汽车都有一个匹配的红色像素点(正数)。

标准的汽车有五个明显的强行，SHAP 图顶部有三行，中间有一行，底部有两行。左边的猫也是这种情况，尽管 SHAP 签名与汽车不同，但它们在中间有相同的红色像素图案。如果观察一下对抗性示例的 SHAP 签名，就可以看到令人兴奋的结果。在原始汽车图像的 5 行中，汽车 AE 只保留了两行，而我们没有看到与其他 3 行有任何对应关系。

引用的论文显示了在 AE 中消失的三行是非鲁棒特征。AE 攻击了具有高度预测性但对微小输入变化非常敏感的非鲁棒特征。AE 也显示了与猫图像相似的红色像素的中间模式。至于汽车的原始图像，AE 只转移了猫的非鲁棒特征，以避免鲁棒特征。

该分类器根据来自汽车和猫图像的混合特征生成 AE 的输出，而该文提出的识别 AE 的方法是依靠 SHAP 签名。我们刚刚介绍了 Fidel et al 的想法和基本概念。该论文进一步展示了该方法在真实案例中的工作情况。

对于本书目的来说，重要的是要在 XAI 和鲁棒性特征之间建立深层的联系。我们用 SHAP 来生成 AE，并使用同样的 SHAP 方法来检测 AE，将非鲁棒特征缩小为 AE 本身的 SHAP 特征。

在结束本章之前，要进一步强调 AE 和 XAI 之间的理论联系。正如我们所看到的，大多数不可知方法依靠输入梯度来为模型选择最重要的特征并产生可解释性。同时，我们看到 AE 是如何利用这些梯度来了解 NN 何处更容易受到输入的微小变化的影响。正如在线性方法中所讨论的那样，对抗性梯度是指小的扰动产生大的输出变化的方向。为了抵御这种扰动，我们的想法是减少输出在对抗性梯度周围的变化，以平滑 NN 所学习的函数，从而更好地在训练领域之外进行泛化。但使这些梯度平滑化意味着在解释模型预测完成 XAI 与 AE 间循环时会更具可解释性，因为模型对 AE 的鲁棒性有助于 XAI，模型对 XAI 的鲁棒性有助于防御 AE。

本章的内容非常丰富，基本观点也不容易理解，且包含很多的理论。尽管我们试图用真实的案例场景和直观的示例支撑这些理论，但我们意识到，本书变得越来越像一份"研究"的材料。最重要的收获是 XAI 和对抗性示例之间的深层关系，希望这种关系在我们指出的文献中的主要观点是明确的，若你需要，可以在我们列出的文献中深入研究。

7.4　小结

- 什么是对抗性示例。
- 生成对抗性示例。
- 将 AE 从一个特定的 ML 模型转移到一个通用模型上。
- 创建通用的对抗性示例。
- 用 AE 进行 XAI。
- 使用 XAI 来抵御 AE。

参考文献

Adadi, A., & Berrada, M. (2018). Peeking inside the black-box: A survey on Explainable Artificial Intelligence (XAI). *IEEE Access*, *6*, 52138–52160.

Fidel, G., Bitton, R., & Shabtai, A. (2020, July). When explainability meets adversarial learning:Detecting adversarial examples using SHAP signatures. In *2020 International Joint Conference on Neural Networks (IJCNN)* (pp. 1–8). IEEE.

Foolbox. (2017). *Foolbox 2.3.0.* 可在 https://foolbox.readthedocs. io/en/v2.3.0/user/examples.html 上阅读。

Goodfellow, I. J., Shlens, J., & Szegedy, C. (2014). Explaining and harnessing adversarial examples. *arXiv preprint arXiv:1412.6572.*

Ilyas, A., Santurkar, S., Tsipras, D., Engstrom, L., Tran, B., & Madry, A. (2019). Adversarial examples are not bugs, they are features. In *Advances in neural information processing systems* (pp. 125–136).

Karpathy, A. (2015). *Breaking linear classifiers on ImageNet.* 可在 http://karpathy.github.io/2015/03/30/breaking-convnets/上阅读。

Molnar, C. (2019). *Interpretable Machine Learning.* A Guide for Making Black Box Models Explainable. 可在 https://christophm.github.io/ interpretable-ml-book/上阅读。

Moosavi-Dezfooli, S. M., Fawzi, A., Fawzi, O., & Frossard, P. (2017). Universal adversarial perturbations. In *Proceedings of the IEEE conference on computer vision and pattern recognition* (pp. 1765–1773).

Nguyen, A., Yosinski, J., & Clune, J. (2015). Deep neural networks are easily fooled: High confidence predictions for unrecognizable images. In *Proceedings of the IEEE conference on computer vision and pattern recognition* (pp. 427–436).

Pearl, J., & Makenzie, D. (2019). *The book of why.* Penguin:eBook edition.

Rathi, S. (2019). Generating counterfactual and contrastive explanations using SHAP. *arXiv preprint arXiv:1906.09293*.

Szegedy, C., Zaremba, W., Sutskever, I., Bruna, J., Erhan, D., Goodfellow, I., & Fergus, R. (2013). Intriguing properties of neural networks. *arXiv preprint arXiv:1312.6199*.

第8章

关于 XAI 可持续模型的建议

"即使狮子能说话，我们也无法理解它。"

——Ludwig Wittgenstein

本章内容
- 了解 XAI 的全貌
- 现实生活中的 XAI：GDPR 案例
- XAI 认证模型和 XAI 的弱点
- 对 XAI 和 AGI(通用人工智能)的思考

我们抵达了旅程的结尾。本章总结了我们对 XAI 观点的全貌，还将再次讨论我们提出的 XAI 流程，但要记住我们介绍的所有方法。

本书的开头给出了令人印象深刻的示例，说明 XAI 如何影响现实生活。我们将深入研究这方面的法则，这些规则可能成为改变规则，是否强制或不强制采用 XAI 的决定因素。

我们将详细研究 GDPR，并了解如何应对它。

目前还没有公认的通用框架或认证来检查任何 ML 模型是否符合 XAI 规范，本书提供了观点，希望能够填补这一空白。

此外，我们将深入讨论一个真实的案例场景，展示了 XAI 方法也可能被愚弄，以意识到任何简单的 GDPR(或类似法规)合规方法的风险。

在本章结束时，我们将对 XAI 和 AGI(人工通用智能)进行一些猜测。

8.1　XAI "Fil Rouge"

"这一手棋已经超越了人类的思维方式，我从来没有见过有人会下这一手棋。"由围棋棋手樊麾对 AlphaGo 著名的第 37 手棋的评价而起，我们开始了旅程。AlphaGo 是谷歌开发的人工智能围棋机器人，在 2016 年 3 月击败了韩国冠军李世石。

我们猜测，更希望，读者现在对这句话有着完全不同的感觉。现在，与第 1 章中的理解相比较，试着回答或推测一下樊麾的这句话。

回顾 XAI 流程，在了解我们可能会做什么之后，对第 37 手棋进行理解，以此在我们学过的所有主题上画一条"红线"，并结束循环，见图 8.1。

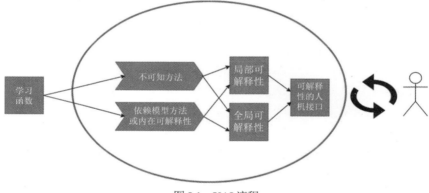

图 8.1　XAI 流程

从深层次的角度来看，AlphaGo 是一个 DNN，通过强化学习研习围棋技巧，成为自己的老师。DNN 对围棋一无所知，也没有大量的围棋匹配数据集进行训练，而是将 DNN 与一个强大的搜索算法结合起来，开始与自己对弈。

对 XAI 来说，AlphaGo 是一个非常复杂的 DNN，要像黑盒一样处理。因此，不能遵循假定有线性模型的内在解释的路径，因为事实并非如此。另外，我们不能使用依赖模型方法，因为这种方法依赖模型内在的原理来产生可解释性。

　　唯一可行的途径是不可知方法，将 DNN 作为黑盒来进行理解。更进一步的难题是试图对 AlphaGo 的行为产生全局可解释性，或是在第 37 手棋这样的具体案例上得到解释。这不是一个简单的决定。

　　正如你所猜测的那样，AlphaGo 是一个非常复杂的 ML 模型，仅仅应用 XAI 的方法，如排序重要性或部分依赖图是行不通的。这些方法假定系统已经在一个不同于 AlphaGo 通过强化学习所得到数据的数据集上进行了训练。从 AlphaGo 通过强化学习(与自身对抗)学到的东西的情况来看，这些方法可以缩小模型用来产生输出的最重要的特征。即使假设能够生成这种特征排序，这些也不会是人类可以理解的解释。

　　我们的建议是采用不可知方法，利用像 SHAP 这样的方法来理解著名的第 37 手棋这样的单一结果，进行局部可解释性。另一种可行的推荐方法是像第 4 章中那样构建 AlphaGO 的局部线性代理，可以解释为查看 DNN 预测的某些特定区域(在这一情况下，即我们想解释的比赛的那一部分)。

　　对人类来说，这个问题更类似于"如果 AlphaGo 不下第 37 手棋，会发生什么？"这意味着我们将改变过去已经发生的事情，但没有发生这一步的世界并不存在，因为它已经过去了。这是因果关系阶梯中的第三级活动，即不容易实现的完全可解释性。在第 7 章中，我们谈到了在 AE 背景下的基于实例可解释性，并提出了遵循 SHAP 来产生反事实的可能方法。这对 AlphaGo 来说是非常有用的，因为它代表了一种生成人性化解释的方法，使 AlphaGo 在回答对比性问题时的策略和动作变得易于理解。

　　从我们的角度看，AlphaGO 会得到充分的解释吗？答案不是基于我们在第 6 章中解释的阻尼摆的内容。遵循这些技术，我们在任何情况下都不会得到完整的 AlphaGO 因果模型，但我们可以通过局部的近似值或单一的动作来局部了解发生了什么。回到阻尼摆的类比，拥有因果模型意味着，在现实世界拥有对摆锤的时间序列的真实观察，在想象世界通过知识发现具有相同常数的假设值，两者之间没有区别。

　　这个循环是封闭的。从 AlphaGO 的问题开始，我们又回到了同一个问题，但有了 XAI 方法，再加上对这些方法的局限性的认识和相关的解释，这个问题就可以理解了。

8.2   XAI 和 GDPR

正如第 1 章中所说的那样,我们想从 XAI 的角度简要地介绍数据、隐私和自动处理方面的规则对采用 ML 的影响。

我们将以欧盟在 2018 年 5 月通过的 GDPR,即《通用数据保护条例》为例。GDPR 取代了之前的《数据保护指令(DPD)》,DPD 侧重于算法决策领域。

针对本书目的,看一看涉及个人自动决策的第 22 条(European Union 2016)。

(1) 数据主体有权不接受完全基于自动处理(包括分析)的决定的约束,该决定会对其产生法律效力或对其产生类似的重大影响。

(2) 发生以下情况时,第(1)款将不适用:

(a) 数据主体与数据控制者之间签订或履行合同的必要条件是该决定;

(b) 决定由欧盟或成员国的法律授权,控制者受其约束,该法律还规定了适当的措施来保障数据主体的权利和自由及合法利益,或;

(c) 决定基于数据主体的明确同意。

(3) 在第(2)款(a)和(c)项提及的情况下,数据控制者应采取适当的措施,以保障数据主体的权利、自由及合法利益,至少有权获得控制者方面的人为干预,来表达他(或她)的观点并对决定提出异议。

(4) 第(2)款提及的决定不得基于第 9 条第(1)款提及的特殊类别的个人数据,除非第 9 条第(2)款的(a)或(g)项适用,并且有适当的措施来保障数据主体的权利、自由以及合法利益。

第 22 条第(4)款涉及个人数据的处理,指出不能根据第 9 条第(1)款规定的个人数据作出决定。这些数据基本上是与民族血统、种族、个人和宗教信仰有关的个人数据,起到用于识别个人身份的生物识别数据的作用。

在最宽泛的解释下,这意味着算法不能依赖这类信息来做决定。这引起了一个很大的疑问,即在去除这些数据的影响后,很多基于此类数据训练的 ML 模型是否仍然有用。

GDPR 中，与 XAI 相关的第(3)款规定，数据控制者"应实施适当的措施，以保障……至少有权获得控制者方面的人为干预，及表达他或她的观点并对决定提出异议的权利"；否则，就会出现"不受制于完全基于自动处理的决定的权利。"

从法律的角度来看，情况还不是很清楚(Wu 2017)：GDPR 中没有明确提到解释的权利，只规定决策的对象有权获得有意义但有限的有关逻辑的信息，即"知情权"。因此，公平的做法是询问在何种程度上可以要求对算法进行解释。在这个意义上，有很多工作正在进行中，可能未来会在很大程度上改变 XAI 对 ML 采用的影响。

解释水平的模糊性影响了任何一个检查 ML 系统是否可解释的正式认证定义，从 DARPA(DARPA 2016)和欧盟委员会(EPRS 2016)等政府组织到 IBM(IBM 2019)和谷歌(Google 2020)等大公司，都有大量从事这方面工作的研究和团体。

我们认为，很难产生一种标准的程序来检查可解释性，因为 XAI 在很大程度上取决于个案，没有任何简单概括的可能性。

F.A.S.T.XAI

回顾第 1 章的内容，将 ML 模型标记为具备可解释性至少需要F.A.S.T.，即公平，没有负面偏差，能对其决定负责，能抵御外部恶意攻击，以及对内透明。

我们深入研究的有关方法应指导我们检查特定 ML 模型的这些具体属性。例如，SHAP 可以用来解释模型公平性的度量。这项研究的作者(Lundberg 2020)提出，使用 SHAP 在输入特征中分解模型输出，然后依靠该特征的 SHAP 值为每个输入特征分别计算人口均等差异(或类似的公平性指标)。

考虑到 SHAP 值是为了缩小产生整个模型输出的主要组成部分，可以以同样的方式假设，SHAP 值的人口均等差异之和是模型整体人口均等差异的最大贡献因素。

作者在一个案例研究中测试了这种方法，其目的是预测贷款的违约风险。报告显示，按照这个程序，公平性指标可以检测出与性别有关的公平性偏差和错误。

这个示例涵盖了一个为实例评估公平性的可能方法，即寻找数据中的偏差，同时可以使用包括 SHAP 在内的不同方法检查模型是否可靠和透明。透明性并不一定意味着要访问模型的内部结构，但足以对输出的最重要特征进行排名，并对最有趣的预测进行局部可解释性。

在安全方面，我们需要采取不同的方法。正如在第 7 章中所见，产生可以传输并普遍用于攻击不同 ML 模型的 AE 是相当容易的。同时，我们可以再次使用 SHAP 来检查模型在对抗 AE 时的表现，或者通过防御性提炼或沿对抗性梯度运行平滑函数使其更加鲁棒。

但我们需要特别关注，SHAP 或 LIME 也可能被攻击。Slack et al. (2020)展示了如何愚弄 SHAP 或 LIME 以隐藏分类器的偏差，使得 XAI 方法提出的可解释性中没有任何偏差证据。作者不仅提供了理论，还实际展示了有偏见(种族主义)的分类器(使用 COMPAS 真实数据集为案例研究构建)是如何产生极其偏差的结果，却不会使 LIME 和 SHAP 意识到偏差的。我们来更加详细地了解一下这个十分有趣的框架，看看 XAI 是如何被攻击的。

在这种场景下，不管出于什么原因，攻击者想要部署一个有偏差的分类器 f，该分类器 f 可以根据对现实世界(贷款、金融等)的影响做出决策。由于分类器在部署前需要被认证为符合 GDPR 或类似法规，攻击者必须以某种方式对被用于测试分类器的 XAI 方法隐藏偏差，该方法将用于测试分类器，如 LIME 或 SHAP。按照本书的方向说明，攻击者需要建立一个对抗性分类器，该分类器在真实数据(攻击者的目标)上的回答有偏差，但同时在用 LIME 或 SHAP 技术进行探测时，能够提供无偏差的分类。

解决问题的核心在于，了解对抗性分类器如何能够区分真正的输入(回答有偏差)和用于通过 LIME 或 SHAP 认证模型的探测器(回答无偏差)。

正如我们所了解的，像 LIME 或 SHAP 这样的 XAI 方法在我们想要解释的每个数据点附近建立 ML 模型的局部近似。可以提供解释，因为局部近似是一个线性模型，因此只在选定的输入附近有效。但作为特征的扰动

而产生的点不一定属于真实的数据集也可能是脱离真实分布的合成点
(OOD)。

　　而这正是我们制作对抗性分类器所需要的。正如 Slack et al.所展示的
那样，我们可以把原始 COMPAS 数据集中的点作为示例进行分析，并将
其与生成的合成点进行比较，以提供 LIME 或 SHAP 的解释。

　　可以使用 PCA 进行分析，并将包含 COMPAS 和扰动实例的完整数据
集的维度降低到 2。

　　图 8.2 中显示的结果相当令人印象深刻。

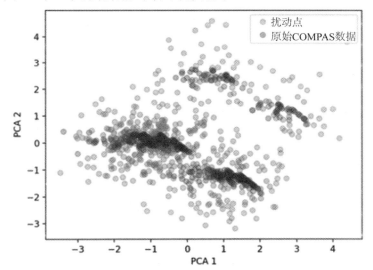

图 8.2　应用于原始 COMPAS 数据集(蓝点)和 LIME 扰动(红点)的 PCA：
蓝点和红点的不同聚类自然出现(Slack et al. 2020)

　　来自扰动点的分布与来自原始数据集的点不同，这可以用来建立我们
的对抗分类器。

　　为了强调直觉，对抗性分类器将再次被认证为符合 GDPR(用我们的
FAST 程序或类似程序)，因为如果用 LIME 或 SHAP 等 XAI 方法进行探测，
得到的结果为绝对公平。但同样的分类器在来自 COMPAS 数据集的点上
会产生极大的偏差(例如，歧视性)。

为了规范化这一想法:

$$e(x) = \begin{cases} f(x), & x \in \varkappa_{dist} \\ \varPsi(x), & \text{其他} \end{cases} \qquad \text{(式 8.1)}$$

假设当数据点来自原始分布时,对抗性分类器 $e(x)$ 得到的结果为 $f(x)$,有偏差。当数据点不来自原始分布时,得到的结果为 $\varPsi(x)$,是一个没有偏差的公平分类器。

为了区分来自 $\varkappa_{dist}$ 和来自扰动的点,依靠我们的直觉(见图 8.1),产生了扰动点数据集(xp)来训练现成的分类器。在本书的具体案例研究中,训练了一个随机森林分类器来识别与原始数据相对应的点,训练集是 x 和 xp 的并集。实验结果非常好,证实了该方法在愚弄 SHAP 或 LIME 方面的有效性。该测试在三个不同的数据集上进行: COMPAS、Communities and Crime 和 German Credit。根据本章侧重点,我们只查看 COMPAS 的结果。

COMPAS 包含有关犯罪历史、入狱史、入狱时间和人口统计学属性的信息。敏感的属性是种族(51.4%的人是非洲裔美国人)。该数据集被用来预测再犯罪概率的高/低。

图 8.3 为分析结果,它是根据 LIME 和 SHAP 对特征(作为确定输出时使用较多的特征)进行排名的一个典型输出。最左列为有偏差的分类器 f,可以看到结果完全不公平,因为它使用非裔美国人的百分比作为预测犯罪的首要特征。但根据 LIME 或 SHAP,无偏函数 $\varPsi$(如第 2 列和第 3 列所示)使用 1 或 2 个特征(与敏感属性不相关)进行预测。需要强调的是,$\varPsi$ 并不限于使用总是不相关的特征,还可以使用数据集中的现有特征来进行预测。

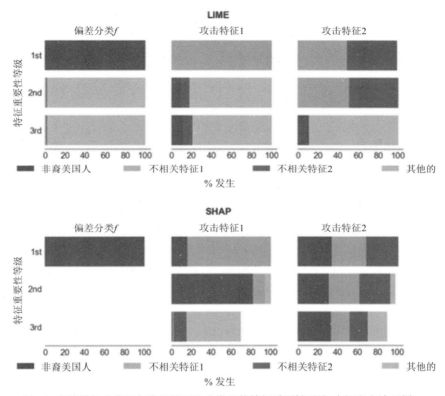

图 8.3　有偏差的分类器与我们的对抗分类器的特征重要性对比(中间和右边两栏)，
后者对原始分布之外的数据点(扰动)表现出无偏差的行为(Slack et al. 2020)

本书还对 e 和 f 的保真度进行了评估，即它们在预测上达成一致的实例百分比。有效的对抗性分类器最重要的一点是有一个准确的 OOD 检测器，以区分来自原始分布的点与 LIME 和 SHAP 用来获得最重要特征的扰动点。

这种无法使用 XAI 来确定 ML 模型的行为是否公平的风险是一个大问题。正如 Merrer 和 Tredan(2019)所说，他们证实了在线服务不可能提供可信解释性。

而且你很容易猜到，从 Facebook 到 Google，我们的日常生活中，在线服务无处不在。Merrer 和 Tredan(2019)向"公平、责任和透明性"会议提交了论文，展示了与 XAI 有关的问题以及信任在线服务的困难。

他们用夜店里的保镖作比喻，如你被拒绝进入，保镖可以任意回答做出这个决定的原因：衣服或鞋子不合适，但你不能确定它是不是根据你的种族来做决定的。算法的行为方式与我们在前面的示例中所展示的完全一样，对于 XAI 探测，算法也可能看起来是公平的。

检测算法偏差的一种方法依靠于保镖执行标准的不连贯——有人因为穿着红裙子被拦下，有人穿着红裙子却可以进入。但对于一个处理数千种特征的算法来说，情况并非如此。

另一个选择是在本地检查 ML 模型，而不是仅仅依靠不可知方法从外部作为黑盒探测在线实例。否则，如前所述，该算法可能会根据请求的来源而改变答案。

正如作者所说，这与卫生检查没有什么区别。在卫生检查中，不可能仅仅通过检查所提供的菜肴来检查餐厅，而是需要食品检查员进入厨房，全面了解提供这些菜肴的做法和设备。

到此这就结束了我们的旅程：在撰写本书的时候，还没有真正执行有效的法规来保证 XAI。但无论法规是什么，我们都试图分享这样的意识：采用 XAI 方法可能还不足以证明一个 ML 系统是公平、负责、安全和透明的。我们用一个简短的附录来设想一个可执行的流程，以通过对某 ML 系统的"可解释"认证(我们把它命名为 F.A.S.T.XAI 认证)，该流程基于我们在本书中学到的知识，提供了一种评估和分析 ML"不透明"系统，以获得解释的操作方法。

最后一节中，介绍了一些关于 AGI、XAI 和量子力学的思考(是的，不管这本书的主题是什么，像我们这样的理论物理学家都需要至少谈几句量子力学)。

8.3　结语

"即使一只狮子能说话，我们也无法理解它。这种理解障碍不是因为语言不同，而是两个不同的生活世界，两种不同'语言游戏'的差异。"最后一节中，引用 Wittgenstein 关于语言游戏和语言极限的著名论述作为开篇。

从 AI 和 XAI 的角度来看这句话很有意思。我们试图用 XAI 来解释的所有 ML 模型都属于"弱 AI"，这是一种不同于人类的智能，专门用于解决特殊任务。

与"弱 AI"相比，我们更应该考虑"强 AI"，这是一个试图实现与人类在相同情况下做出相同行为的智能智能体。

"强 AI"一词是塞尔在 1960 年提出的著名的"中文房间"心理实验的背景下诞生的。假设我们创建了一个智能体，允许对接收到的输入(汉字)进行操作，并提供中文答案，且通过假设的图灵测试，则该智能体与懂中文并回答相同问题的人类没有区别。我们会说这个人工智能真的懂中文吗？

在写作本书期间，OpenAI 团队在 2020 年 5 月(OpenAI 2020)发布了最新的语言模型 GPT-3。这个模型可用于生成诗歌，写冒险故事，或用几个按钮创建简单的应用程序。GPT-3 被认为是被归类为 AGI(人工通用智能)的最佳候选者之一，这是"强 AI"的另一种说法，意味着能够像人类一样执行任何任务的人工智能体。

GPT-3 的有趣之处在于，与 NLP 的现有技术水平相比，在架构或理论方法方面不存在颠覆性创新。

其主要区别在于规模。GPT-3 有 1.1 亿个参数，而 GPT-2 在最大的迭代中，有 16 亿个参数。人们普遍认为，这种扩展为 GPT-3 带来了真正的变化。最令人印象深刻的改进是，GPT–3 能够处理小样本的学习任务，从而获得了人类智慧的"圣杯"。孩子不需要为辨别一只猫而观察成千上万只猫，几只猫就足够了，这与 DNN 所需要的标准学习有相当大的区别。GPT-3 能够在没有特别学习的情况下完成句子。不仅如此，它还能完成许多其他任务，如语言之间的翻译，执行阅读理解任务，或回答 SAT 式的考试问题，且无需对每项特殊任务进行特殊训练。

与 AlphaGO 相比较，AlphaGO 甚至不能玩井字游戏或跳棋，尽管这些游戏与围棋相比相当简单。

但问题是：GPT-3 或任何类似的 AGI 系统是否真的了解它所做的事情的意义？一个"中文房间"之类的实验是否足以证明出这一点？这就上升到了哲学的领域，而仅仅为了明确"理解"这个词的含义，就需要引用成千上万的书籍。考虑到一个人的大脑大约有 1000 亿个神经元，形成了 100-500 万亿次的突触连接，这种关于规模的论点很有趣。如果规模是解决类人智能的办法，那么 GPT-3 还是太小了。但为了公平起见，我们还应该补充，与 GPT-3 或类似智能体所需的巨大能量相比，一个人的大脑大约消耗 20 瓦。

但出于本书的目的，从 XAI 的角度来看，可以提出一个不同的问题。"我们应该对像 GPT-3 这样的智能体强制执行可解释性吗？"或者更好的是"我们应该增加能够产生人类可理解的解释的强硬要求来将智能体定义为 AGI 吗？"

答案并不简单。一方面，基于我们所讨论的内容，对可解释性的强烈需求自然出现（想想循环中的人类）；正如我们所看到的，对一个系统的真正理解要通过因果关系阶梯的第 3 级，也就是人类活动的第 3 级，如想象、反事实和知识发现，自然而然地出现了对解释能力的强硬要求。因此，如果一个智能体不能提升到第 3 级阶梯上，我们就不能将其称为 AGI。但与此同时，Wittgenstein 的话和相关的研究也在警示我们，我们确定能真正理解一个生活在不同世界的 AGI 智能体吗？就算假设它能说话，对我们来说它会不会像狮子一样，我们无法明白它说什么？作为人类和 AGI 智能体，我们是否被限制在不同的语言游戏中？

但作为作者，我们不能忘记我们的理论物理学背景。量子力学可以被认为是我们在物理世界中拥有的最佳且最完备的理论之一。每个实验都证实了这一点，且量子力学在日常生活中的应用也令人印象深刻：从我们的个人电脑和移动电话到激光和通信，从晶体管到显微镜和医疗诊断设备。但尽管如此，在为解释量子力学而奋斗的研究者仍活跃多产。我们使用"解释"这个词也并非偶然。

可以把量子力学称为物理理论，但正如任何其他物理理论或模型一样，它可以被视为一种计算工具：给定一些输入，理论规定了如何计算输出，如何在我们研究的系统上获得预测，即它的行为方式。

量子力学在其领域内提供了令人印象深刻的预测，但我们还无法对它进行解释：对于任何物理可观测的理论，该理论根源上的不确定性概率的存在使得我们无法尝试去理解它。引用费曼先生的话来说："如果你认为你了解量子力学，你就不了解量子力学。"

我们尝试了不同的方法来处理这种状态，从隐藏变量到许多世界的可解释性，目的是避免把不确定性、状态叠加和波函数坍缩当作是真实的，以便对物理可观测量有一个更经典和决定性的解释。

但到目前为止，在这个意义上还没有明确的成功。尽管缺乏一个令人满意的最终解释，我们仍会继续使用 QM。另一个办法是把它作为一个预测工具，把量子力学看成是一种关系理论(关系量子力学，RQM)。

物理变量并不描述"事物"：它们描述事物如何相互作用，以及量子系统的状态与观察者有关。因此，从一开始的伽利略的惯性框架，到狭义和广义相对论，谈论"真正的"现象或物理事件是没有意义的。体验到的经历取决于观察者：一个物体的属性，相对于第二个物体是真实的，相对于第三个物体不一定相同。我们从一个"事物"的世界出来，进入互动的"世界"，在那里我们看到的只是互动，而不是像石头一样有形的东西。

这与 XAI 有什么关系？我们可能会以这样的方式看待 ML：一种必须仔细检查的，能够获得令人印象深刻的预测的工具。ML 可以被认为是一个像 QM 一样的计算工具，给定一个输入，产生一个输出。鉴于 RQM 的类比，我们在预期的可理解性和可解释性方面不应过于僵化。我们可以用 XAI 获得可解释性，但我们可能需要接受，同样的可解释性可能取决于我们与 ML 模型的交互类型。ML 模型可能运作良好，并依赖于内在的计算和路径，我们需要被迫接受这些计算和路径与我们作为人类的工作方式有本质的区别。

另外，可解释性是相互作用的结果。在通往 AGI 的道路上，作为人类观察者，可能需要放宽对僵硬和强解释的要求。就像在与狮子的对话中那样，我们应该接受这样的事实：可解释性不是现成的，这些解释可能属于不同的语言游戏，可能是新型互动的结果。在这种互动中，一切都取决于实体之间的关系，没有任何东西是以一种固定的形式存在的。

我们是一个动态的观察者，在这个由相互作用和动态变化组成的无限网络中，没有什么是真实或永恒的。

8.4　小结

- 采用 XAI 方法来解释复杂的 ML 模型，如 AlphaGO。
- 采用 FAST 标准检查 GDPR 的合规性。
- 使用 SHAP 来检查公平性。
- 了解 XAI 方法如何被对抗性攻击所欺骗。
- 了解什么是 AGI 以及 AGI 在未来可能对 XAI 产生的影响。

参考文献

DARPA. (2016). *Explainable Artificial Intelligence(XAI)*. 可在 https://www.darpa.mil/program/explainable-artificial-intelligence 上阅读。

European Union. (2016). *GDPR*. 可在 https://europa.eu/european-union/index_en 上阅读。

EPRS. (2016). *EU guidelines on ethics in artificial intelligence: Context and implementation*. 可在 https://www.europarl.europa.eu/RegData/etudes/BRIE/2019/640163/EPRS_BRI(2019)640163_EN.pdf 上阅读。

Lundberg, S. (2020). *Explaining measures of fairness with SHAP*. 可在 https://github.com/slundberg/shap/blob/master/notebooks/general/Explaining%20Quantitative%20Measures%20of%20Fairness.ipynb 上阅读。

Google. (2020). *Explainable AI*. 可在 https://cloud.google.com/ explainable-ai 上阅读。

IBM. (2019). *Introducing AI Explainability 360.* 可在 https://www.ibm. com/blogs/research/2019/08/ai-explainability-360 上阅读。

Merrer, E. L., & Tredan, G. (2019). The bouncer problem: challenges to remote explainability. *arXiv preprint arXiv:1910.01432.*

OpenAI. (2020). *OpenAI API.* 可在 https://openai.com/ blog/openai-api/上阅读。

Slack, D., Hilgard, S., Jia, E., Singh, S., & Lakkaraju, H. (2020, February). Fooling Lime and Shap: Adversarial attacks on post hoc explanation methods. In *Procedings of the AAAI/ACM Conference on AI, Ethics, and Society* (pp. 180-186).

附录

F.A.S.T. XAI 认证

本清单旨在基于本书内容，以及对 ML 系统进行评估和可能的 XAI 认证所执行的步骤，提供实践导向。

实践的中心思想是，在步骤(6)中使用纯 XAI 之前，要先构建需要回答的问题，否则 XAI 方法本身无效。

另一重要步骤为步骤(4)。我们需要建立一个代理模型，以保证模型相对于基线模型(代理模型)具有更好的性能，也能够增加缺乏偏差方面的置信度。在某种程度上步骤(4)是可选的，如果没有该步骤，则得到的认证形式说服力较低。

步骤(5)中的负责性与法律方面密切相关，可能会根据现有的具体法规(如 GDPR)而改变。

1. 模型准备

- [ ] 获取需要解释的模型(即"MODEL")

2. 拟定框架

- [ ] 数据源识别
- [ ] 识别合理和可能的对抗性特征

3. 构建"若……会怎样"的反事实情境

- [ ] 编译一个可能的适应现实使用情况的反事实问题的列表

4. 构建代理模型(即"SURROGATE")

- [ ] 若数据公开可用，则训练一个内在全局可解释性模型，否则"SURROGATE"会需要一个代理模型
- [ ] 探讨代理模型的特征重要性
- [ ] 若"SURROGATE"不可用，则假设认证为"LIGHT"

5. F.A.S.T.方法的重要方面

- [ ] 确定数据中的所有可能公平性问题[F]
- [ ] 确定模型的责任方面问题[A]
- [ ] 描述数据的安全性[S]
- [ ] 利用"SURROGATE"模型的透明性(不需要 LIGHT 认证) [T]

6. 直接解释真实模型

- [ ] 在想要分析的"MODEL"上直接训练 XAI 模型
- [ ] 展示全局特征和局部特征的重要性
- [ ] 确保可以准确回答"若……会怎样"的问题